LA

PRODUCTION AGRICOLE

EN FRANCE

SON PRÉSENT ET SON AVENIR

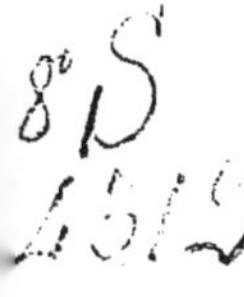

Extrait des *Annales de la Science agronomique française et étrangère* (T. II, année 1884).

ERRATUM A LA PAGE 34.

La composition moyenne de ce fumier, déduite de celle des fumiers des exploitations environnantes, est la suivante :

1,000 kilogr. de fumier renferment :

242^k,8 de substance sèche.
757 ,2 d'eau;

Les 242^k,8 de substance sèche contiennent :

		Soit, pour 35,000 kilogrammes à l'hectare.	
Azote.	0^k,640	Azote	224^k »
Potasse	0 ,537	Potasse	188 »
Acide phosphorique . . .	0 ,228	Acide phosphorique, . .	79 ,7

LA

PRODUCTION AGRICOLE

EN FRANCE

SON PRÉSENT ET SON AVENIR

PAR

Louis GRANDEAU

DIRECTEUR DE LA STATION AGRONOMIQUE DE L'EST
MEMBRE DU CONSEIL SUPÉRIEUR DE L'AGRICULTURE
VICE-PRÉSIDENT DE LA SOCIÉTÉ NATIONALE D'ENCOURAGEMENT A L'AGRICULTURE
DOYEN DE LA FACULTÉ DES SCIENCES DE NANCY
PROFESSEUR A L'ÉCOLE NATIONALE FORESTIÈRE

Données statistiques sur la question du blé, par M. E. Cheysson, ingénieur en chef des Ponts et Chaussées, professeur d'économie politique à l'École des sciences politiques, ancien président de la Société de Statistique.

Étude géologique sur les terres à blé en France et en Angleterre, par M. A. Ronna, ingénieur, membre du Conseil supérieur de l'agriculture.

AVEC DEUX CARTES ET DEUX DIAGRAMMES HORS TEXTE

PARIS
BERGER-LEVRAULT ET Cie, LIBRAIRES-ÉDITEURS
5, Rue des Beaux-Arts, 5
MÊME MAISON A NANCY

1885

AVANT-PROPOS

L'accueil fait à l'étude que j'ai récemment publiée dans le journal *le Temps,* sous le titre: ***la Production agricole en France,*** me fait espérer que la réunion de mes articles pourra être de quelque utilité, dans un moment où la question agricole occupe et passionne, à juste titre, l'opinion publique.

Le terrain que j'ai choisi, à dessein, n'est point le terrain économique, à proprement parler; tout en restant convaincu, plus que jamais, du peu d'efficacité, pour l'agriculture, d'un relèvement des droits sur les céréales, j'ai eu particulièrement en vue de mettre en relief, par des faits qui me paraissent indéniables, la supériorité, sur les mesures fiscales, des moyens propres à accroître les rendements du sol français et la possibilité d'y arriver, le concours de tous aidant.

Quoi qu'il advienne de la question des tarifs soumis en ce moment à l'examen du Parlement, les progrès que je signale resteront, après comme avant le vote des Chambres, l'objectif essentiel à poursuivre: développement de l'enseignement agricole à ses divers degrés, utilisation des Stations agronomiques pour l'étude des problèmes agricoles et leur vulgarisation, modifications dans les errements des propriétaires et des fermiers, associations et syndicats, transformation industrielle de l'agriculture, réformes législatives: cet ensemble d'améliorations devant aboutir finalement à l'accroissement des rendements et, partant, à l'abaissement du prix de revient des produits.

On se méprendrait complètement sur mes intentions, si l'on

ne voulait voir, dans ces quelques pages, que la défense du libre-échange, si étrangement abandonné aujourd'hui, pour des raisons absolument extrinsèques, par quelques-uns de ses plus fervents partisans d'autrefois. Mes visées sont plus hautes : indépendantes de toute préoccupation politique ou électorale, elles tendent à démontrer, d'après des faits nombreux, en s'appuyant sur des expériences de longue durée, la possibilité d'affranchir la France du tribut qu'elle paye trop souvent encore à l'étranger pour son alimentation. J'ai par-dessus tout en vue les améliorations durables de l'agriculture française, améliorations que peut seule réaliser l'initiative des intéressés, propriétaires et exploitants, soutenue et facilitée par le concours des pouvoirs publics.

J'espère avoir réussi à prouver que tout ne sera pas fait, que malheureusement, l'agriculture ne sera pas sauvée de la crise cruelle qu'elle traverse depuis dix ans, lorsqu'on aura, dans un moment de découragement bien naturel, arraché aux représentants du pays le vote d'un droit de quelques francs sur le blé à son entrée. Il est hors de conteste que ce droit sera insuffisant pour compenser l'écart entre les prix de revient et les prix de vente actuels, dans presque tous les cas; on arrivera alors à en demander l'augmentation, et les producteurs qui réclameront un droit voisin de la prohibition, c'est-à-dire assez élevé pour couvrir l'écart entre les prix de revient et les prix de vente actuels, seront seuls conséquents avec leur doctrine.

Restera le consommateur qui, sans doute, à ce moment, fera aussi entendre sa voix. Il faudra revenir alors au système de l'échelle mobile.

Mon ami, M. E. Cheysson, auquel sa haute compétence en matière économique et statistique donne une autorité indiscutée, a bien voulu me prêter son précieux concours et fournir à cette Étude un complément des plus instructifs, en dressant les cartes et diagrammes qui accompagnent la reproduction des articles du

Temps. Ceux de mes lecteurs qui auraient conservé des doutes sur la valeur du système de l'échelle mobile, se convaincront aisément, par l'examen des graphiques de M. E. Cheysson, que les tarifs prohibitifs ou protectionnistes n'ont, *à aucune époque,* servi les intérêts des producteurs de blé, pas plus d'ailleurs que ceux des consommateurs de pain. L'adhésion d'un esprit aussi réfléchi, d'un économiste aussi autorisé, au programme de réformes à l'exécution duquel les progrès de notre agriculture me semblent indissolublement liés, est pour moi un puissant encouragement dans l'accomplissement de la tâche que je me suis imposée. Tâche ingrate, à une heure où des questions de tout point étrangères aux intérêts vitaux de l'agriculture dominent la discussion et menacent de faire perdre de vue la question agricole elle-même.

Je m'applaudis également de pouvoir compléter l'examen de la culture du blé, par la publication d'une étude géologique sur les sols à blé en France et en Angleterre, que le savant interprète des premières expériences de MM. Lawes et Gilbert, mon ami M. A. Ronna, a bien voulu m'adresser. L'examen comparatif des rendements du sol en blé, dans les deux pays, suivant la nature géologique, les renseignements sur les variétés cultivées et sur leur rôle dans l'assolement, chez nos voisins d'outre-Manche, révèlent de nombreux faits intéressants, dont les cultivateurs français sauront faire leur profit.

Si la lecture de cet opuscule peut décider quelques hommes de progrès à entrer résolûment dans la voie des améliorations foncières et culturales, en prenant pour guide les belles recherches de Sir J. Lawes et du Dr Gilbert ; si les indications fournies par les expériences de Rothamsted peuvent les amener à accroître le rendement de leur terre de quelques hectolitres seulement à l'hectare, leur exemple portera vite ses fruits : je serai alors amplement rémunéré des soins que j'ai apportés à cette Étude.

Au temps de faire le reste, par l'association, par l'initiative privée et, j'ose l'espérer, avec le concours de nos législateurs, auxquels le pays a confié le mandat de défendre et de protéger, dans le sens vrai du mot, la première de nos industries nationales : en édictant des lois libérales sur la propriété et sa transmission, sur l'association; en aidant au développement de l'enseignement agricole sous ses diverses formes, et en allégeant, par une sage économie, les charges si lourdes que le passé nous a léguées et qui pèsent sur l'agriculture d'un poids qu'il importe de diminuer dans la plus large mesure possible.

L. GRANDEAU.

Station agronomique de l'Est, le 20 janvier 1885.

LA

PRODUCTION AGRICOLE EN FRANCE

SON PRÉSENT ET SON AVENIR

LA PRODUCTION DU BLÉ

I

La protection et la liberté commerciale en 1884.

Le moment semble opportun d'examiner, en dehors de toute préoccupation politique, quelques-unes des questions que soulève la crise agricole. Le Parlement est saisi de projets de loi portant modification des tarifs de douane sur les céréales et sur le bétail. Il se produit dans le monde agricole un mouvement plus ou moins réfléchi qu'explique, sans le justifier, selon nous, le malaise général de la culture : la protection douanière, voilà le remède ! semble-t-on s'écrier de toutes parts. On s'adresse aux pouvoirs publics, leur demandant de frapper l'importation des céréales et du bétail d'un droit qu'on n'ose fixer à un chiffre équivalent à la prohibition et dont la quotité varie suivant les milieux, de 3 à 5 fr. le quintal pour le blé, de 15 à 100 fr. par tête de gros bétail. Ces réclamations menacent de se transformer en mandat impératif lors des prochaines élections ; elles servent, en tou cas, dès aujourd'hui comme de mot d'ordre aux ennemis de la République dans leurs attaques contre le Gouvernement. A les entendre, un homme étranger aux choses agricoles pourrait croire que ces plaintes sont inspirées, justifiées peut-être, par une insuffisance considérable de notre récolte en blé, nous menaçant d'une importation formidable, et par un avilissement extrême du prix de la viande, résultant d'un excès de production ou d'importation de bétail. Quelques remarques à ce sujet avant d'aller plus loin.

La production du blé, en France, dans les trois dernières années, a été, en nombres ronds, la suivante :

1882.	122 millions d'hectolitres.	
1883.	104	—
1884.	111	—

Soit, en moyenne pour les 3 années, 112 millions d'hectolitres.

La consommation totale de la France en blé (pain, pâtes alimentaires, semence, etc...) évaluée il y a quelques années entre 95 et 100 millions d'hectolitres, paraît s'élever aujourd'hui entre 105 et 110 millions d'hectolitres. Il ressort de là que la France a produit cette année, malgré ses trop faibles rendements à l'hectare (15 hect. 90 en moyenne), sur lesquels nous reviendrons, une quantité de blé tout au moins très voisine de celle qu'elle consomme, si elle ne lui est égale ou supérieure. Cette situation, des plus favorables pour le consommateur, ne semble pas, d'autre part, menaçante pour le producteur. Rien, en effet, n'autorise à supposer que l'importation du blé puisse se faire cette année, si elle a lieu, sur une plus grande échelle que l'an dernier, par exemple, où nous avons récolté 7 millions d'hectolitres en moins que cette année. Or, en 1883, l'importation des blés étrangers s'est élevée à 10 millions de quintaux, soit sensiblement à 13 millions d'hectolitres. En tenant compte de la différence entre les rendements des deux années en France, l'importation pour la campagne 1884-1885, ne devra guère dépasser 7 millions d'hectolitres, si toutefois elle atteint ce chiffre.

Mais, mettons un instant les choses au pire et supposons que nous devions, en 1885, importer 10 millions de quintaux de blé; admettons en outre que, cédant à l'opinion plus ou moins justifiée qu'un relèvement de tarif est nécessaire, les pouvoirs publics fixent à 4 fr. le droit d'entrée par quintal; de ce chef, il entrera dans les caisses de l'État 40 millions, dont nous examinerons s'il y a lieu, l'emploi le plus profitable aux intérêts de l'agriculture; mais s'ensuivra-t-il que le prix du quintal de blé passera de 21 fr., cours moyen actuel, à 25 fr.? Ce serait une profonde erreur de croire qu'il en sera ainsi. Tout au plus pourra-t-il arriver, — je partage sur ce point entièrement l'avis de M. E. Risler dans son rapport sur la *Situation de l'agriculture dans le département de l'Aisne,* — que cette taxe se répartisse sur la totalité des blés vendus, et les 40 millions de droit de douane, représentant 4 fr. par quintal importé, correspondront au maximum à 40 centimes par quintal de blé produit.

Je ne pense pas qu'un pareil résultat puisse contre-balancer les nombreux inconvénients de la soi-disant protection et qu'il soit de nature à modifier l'attachement de beaucoup de bons esprits pour la liberté commerciale, malgré la gravité de la crise agricole. Ce qui se passe à l'heure présente dans les provinces arrachées à la France par le désastre de 1870, est d'ailleurs la démonstration la plus péremptoire du peu de profit que le producteur agricole retire des droits soi-disant protecteurs. Un seul exemple va le montrer : cette année, la récolte en vins a été généralement de très bonne qualité en Lorraine française et allemande, la quantité correspondant à une bonne moyenne.

Le vigneron d'Alsace-Lorraine est *protégé* par un droit énorme qui pourrait être considéré comme prohibitif, car il s'élève à 37 fr. 50 par hectolitre, le contenant (fût ou verre) acquittant le droit du contenu. Malgré ce chiffre exorbitant, le vigneron du pays messin et de l'Alsace vend, en ce moment, le vin de la dernière récolte, à qualité égale, exactement le même prix que le vigneron de la Lorraine française, de 50 à 100 fr. l'hectolitre, suivant les crus. Le droit qui frappe un hectolitre de vin à son entrée en Allemagne peut être défendu au point de vue fiscal, mais les vignerons constatent qu'il n'améliore en rien leur situation. Il est infiniment peu probable qu'un droit à l'entrée sur les céréales relève, dans une année de pleine récolte pour notre pays, le prix du blé. Quant à établir à l'entrée un droit supérieur à 4 ou 5 fr., je ne pense pas qu'il puisse en être sérieusement question. On ne saurait oublier, en effet, que le cultivateur est, comme tout autre citoyen, un consommateur : si, d'un côté, 200,000 à 250,000 grands propriétaires ou fermiers peuvent réclamer, à tort ou à raison, une protection douanière, le reste de la population, qui compte dix-huit millions d'individus vivant plus ou moins directement de la culture du sol, n'a aucun intérêt à voir surélever le droit de 60 cent. par hectolitre, à l'entrée. Inférieurs par leur quotité au chiffre qui amènerait un renchérissement du blé, et c'est, à mon avis, le cas d'un droit de 3 ou 4 fr. par quintal, ces droits peuvent constituer une satisfaction donnée aux plaintes de l'agriculture : dans ce cas, il est à craindre qu'ils soient un trompe-l'œil, dont l'effet le plus à redouter sera de paralyser les progrès trop rares déjà de l'agriculture française. Assez élevés pour arrêter l'importation du blé, dans le cas où l'insuffisance de la production française l'exigerait, ils produiraient dans le prix du blé une aggravation qui ramènerait bientôt l'échelle mobile, condamnée par une expérience de quarante années.

L'extrait suivant du cours professé par M. E. Lecouteux, à l'Institut national agronomique, montre clairement les avantages du régime de la liberté, tant pour le producteur que pour le consommateur, sur le système de l'échelle mobile[1].

« Les deux systèmes, celui de l'échelle mobile et celui de la liberté, dit M. E. Lecouteux, ont agi chacun sur notre marché. Voyons leur influence sur le prix du blé pendant les deux périodes de vingt ans chacune où ils ont fonctionné, savoir l'échelle mobile dans ses dernières années, de 1841 à 1860, et la liberté, dans ses premières années de 1861 à 1880 :

Prix moyens annuels de l'hectolitre de froment en France.

(*Période de quarante ans.*)

RÉGIME DE L'ÉCHELLE MOBILE.		RÉGIME DE LA LIBERTÉ.	
1841	18f 54c	1861	24f 55c
1842	19 55	1862	23 24
1843	20 46	1863	19 78
1844	19 75	1864	17 58
1845	19 75	1865	16 41
1846	24 05	1866	19 61
1847	29 01	1867	26 19

1. *Le Blé*. In-12. Librairie agricole, p. 386 et 387.

RÉGIME DE L'ÉCHELLE MOBILE.		RÉGIME DE LA LIBERTÉ.	
1848	16f 05c	1868	26f 64c
1849	15 37	1869	20 33
1850	14 32	1870	20 56
1851	14 48	1871	25 65
1852	17 23	1872	23 15
1853	22 39	1873	25 62
1854	28 82	1874	25 11
1855	29 32	1875	19 32[1]
1856	30 75	1876	20 59
1857	24 37	1877	23 42
1858	16 75	1878	23 08
1859	16 74	1879	21 92
1860	20 24	1880	22 90
Prix moyen. . . .	20f 89c	Prix moyen. . . .	22f 28c

« Ces prix moyens annuels se résument donc ainsi :

	ÉCHELLE MOBILE.	LIBERTÉ.
Prix moyen.	20f 89c	22f 28c
Prix maximum	30 75	26 64
Prix minimum	14 32	16 41

« Il résulte mathématiquement, *en ce qui concerne les prix de vente, qu'au profit de l'agriculture,* le prix moyen et le prix minimun ont augmenté, sous le régime des vingt premières années de la liberté, comparé au régime des vingt dernières années de l'échelle mobile. Il résulte, d'autre part, *qu'au profit de la consommation,* fortement intéressée à ne jamais payer le blé trop cher, le prix maximum a, au contraire, diminué sous le régime libéral comparé au régime de protection d'autrefois..... Le prix régulier, le prix sans écarts excessifs des subsistances, cet objectif vainement poursuivi par l'échelle mobile, s'est donc réalisé par la liberté. »

On doit donc renoncer, dans l'intérêt de tous, producteurs et consommateurs, à substituer à la liberté le régime de la protection.

L'une des causes dominantes du bas prix du blé est précisément l'abondance des dernières récoltes ; la grande cause du malaise des

1. En 1874, on a récolté, en France, 19h,64 à l'hectare en moyenne. C'est le plus haut rendement moyen qui ait été obtenu dans notre pays.

producteurs gît presque entièrement dans la faiblesse du rendement à l'hectare et, par conséquent, dans le prix de revient trop élevé de cette céréale. Nous examinerons plus loin quels remèdes il faut apporter à cette situation.

Le tableau suivant indique les rendements moyens en blé des divers pays :

	HECTOLITRES A L'HECTARE.		HECTOLITRES A L'HECTARE.
Hesse-Darmstadt	35,2	Prusse	15,8
Grande-Bretagne	27,7	Saxe-Weimar	15,4
Bavière	26,5	France	15,4
Saxe-Altenburg	25,8	Autriche	15,0
Belgique	25,1	Espagne	14,2
Saxe royale	24,4	Grand-duché de Bade	14,0
Hollande	22,2	Grèce	12,2
Norvège	20,8	Roumanie	12,6
Irlande	20,8	États-Unis d'Amérique	12,2
Danemark	17,4	Portugal	12,0
Finlande	15,8	Hongrie	11,5

Le rang qu'occupe la France dans cette statistique n'est pas celui auquel elle peut prétendre : j'espère pouvoir le démontrer.

Quel que soit, devant le Parlement, le sort des projets de tarif douanier, la situation générale de l'agriculture française ne s'améliorera que par l'accroissement des rendements. Il serait téméraire d'attendre une atténuation durable et de quelque importance d'un relèvement des droits à l'entrée sur les céréales et sur le bétail. L'agriculture doit, selon nous, chercher dans une autre voie un remède aux maux dont elle souffre. Palliatif très douteux dans ses effets, le relèvement des droits à l'entrée donnerait peut-être une satisfaction passagère à laquelle ne tarderait pas à succéder une désillusion d'autant plus grande qu'on aurait escompté davantage les résultats qu'on en attend.

Je n'insiste pas davantage, n'ayant point pour but d'entrer dans la discussion des questions brûlantes de libre-échange et de protection tant de fois débattues ; pour moi, d'ailleurs, le libre-échange n'est point un dogme auquel il faille tout sacrifier. S'il m'était démontré que l'application des théories protectionnistes doive amener le relèvement de l'agriculture, la première de nos industries nationales, je n'hésiterais pas un instant à renoncer à ma prédilection pour la liberté commerciale. N'ayant absolument en vue que les intérêts de l'agriculture, je cherche uniquement, avec une entière bonne foi, les conditions qui peuvent le mieux les servir. Je me propose d'examiner, en dehors, ou plutôt à côté de la question économique, la situation de la production agricole en France et les moyens de l'améliorer. Il me fallait cependant dire un mot des droits sur les céréales, parce que mon esprit se refuse à les considérer comme un remède de quelque efficacité. Leur promulgation peut être regardée, par les uns, comme une nécessité politique du moment ; aux yeux des autres, la revendication du relèvement des droits semble une arme sûre contre nos institutions ; pour certains encore, elle se justifie au point de vue fiscal. Mais, pour qui envisage seulement la situation présente et future de l'agriculture, la question douanière tombe tout à fait au second plan. Les progrès durables et l'avenir de notre agriculture sont liés à de tout autres réformes, qui incombent les unes au Gouvernement, les autres aux propriétaires et aux cultivateurs : ces réformes et les moyens de les accomplir forment le but principal de cette étude. Quelques mots encore avant de l'aborder.

Nous venons de voir que le moment où l'on réclame un droit sur les céréales peut paraître singulièrement choisi, alors que la production indigène en blé atteint en moyenne, dans les trois dernières années, le chiffre de la consommation en France. En est-il de même pour le bétail ? La viande est-elle tellement abondante, son usage si répandu, son prix si peu élevé qu'il faille chercher à diminuer, à l'aide d'un droit plus ou moins considérable, l'importation du bétail ? L'agriculture en profiterait-elle ? Produit-elle trop de viande, trop de lait, trop de fumier ? Si malheureusement, à l'heure qu'il est, il y a tant de gens, parmi les populations rurales de notre pays, dans l'alimentation desquels n'entre pas le pain de froment, il en est bien davantage encore auxquels la consommation de la viande est pour ainsi dire inconnue. On ne saurait contester que le prix de cet aliment ne soit la cause principale du fait que je déplore. Si le blé, en France, est à bon marché et se maintient tel dans les mauvaises années de récolte, grâce à la liberté commerciale, les protectionnistes ne pourraient adresser le même reproche à la viande.

Si l'on compare, en effet, les prix moyens de la viande et du pain à vingt ans de distance, on est frappé de l'accroissement considérable des premiers, les seconds étant restés presque stationnaires, comme le montrent les chiffres suivants :

	PAIN 1re qual.	PAIN 2e qualité.	BŒUF le kilog.	VEAU le kilog.	MOUTON le kilog.	PORC le kilog.
Prix moyen en 1883	0f,36	0f,31	1f,63	1f,76	1f,86	1f,66
Prix moyen en 1864	0,34	0,29	1,13	1,37	1,23	1,26
Différence	0,02	0,02	0,50	0,39	0,63	0,40
Prix moyen des vingt années.	0,39	0,33	1,47	1,62	1,61	1,55

Les écarts entre les prix de 1864 et ceux de 1883, pour le kilogramme de pain et de viande, se traduisent, en centièmes, comme suit :

Augmentation du prix du kilogramme p. 100 *de la valeur en* 1864.

Pain 1re qualité	5c,7
Pain 2e qualité	6,4
Bœuf	30,6
Veau	22,2
Mouton	33,9
Porc	32,4

Le pain se paie donc aujourd'hui plus cher qu'en 1864, d'environ 6 p. 100, tandis que l'augmentation du prix de la viande s'élève à 33 p. 100 environ de sa valeur il y a vingt ans. Il semble infiniment probable que, si la France s'était trouvée réduite à ses propres forces productives en 1883, le prix du kilogramme de viande se fût encore élevé, l'importation du bétail étranger, si faible qu'elle ait été par rapport à la consommation générale, n'ayant pas dû avoir pour résultat une hausse sur le marché de la viande. Voyons d'abord quelle a été cette importation : la statistique de 1883 accuse à cet égard les chiffres suivants[1] :

1. *Bulletin du ministère de l'agriculture,* 1884, n° 3.

Bœufs d'Algérie	16,523 têtes.	Soit, pour l'espèce bovine, 215,585 têtes.
Bœufs de provenance étrangère	67,877 —	
Taureaux	4,653 —	
Vaches	63,101 —	
Génisses	7,191 —	
Veaux	56,240 —	
Moutons d'Algérie	559,005 —	Pour l'espèce ovine, 2,269,269 têtes.
Moutons de provenance étrangère	1,704,490 —	
Chèvres	5,774 —	
Porcs	137,553 —	

Les animaux importés se partagent en trois catégories. La première comprend le bétail destiné à la boucherie, la seconde les vaches et brebis laitières, la troisième les animaux à l'engrais ou les reproducteurs pour l'élevage. Sur les chiffres d'importation ci-dessus, la boucherie a consommé, en 1883 :

Bœufs	78,197	Espèce bovine, 155,987 têtes.
Taureaux	3,298	
Vaches	27,629	
Génisses	1,350	
Veaux	45,513	
Moutons	2,098,414	Espèce ovine, 2,102,040 têtes.
Chèvres	3,626	
Porcs	65,034	

Animaux importés pour la laiterie :

Vaches	28,256	Espèce bovine, 30,302 têtes.
Génisses	2,046	
Chèvres	1,614	

Enfin, les éleveurs ont importé :

	Pour l'engraissement.		Pour l'élevage.	
Bœufs	4,092	14,321 têtes.	2,011	14,875 têtes.
Taureaux	330		1,025	
Vaches	5,449		1,767	
Génisses	540		3,255	
Veaux	3,910		6,817	
Moutons	144,066		21,015	
Porcs	52,295		20,224	

Il résulte de l'ensemble de cette statistique que les animaux venus de l'étranger, l'Algérie devant figurer avec la métropole, en 1883, se répartissent, en centièmes, de la façon suivante :

	Pour la boucherie.	Pour la laiterie, l'engraissement et l'élevage.
	p. 100.	p. 100.
Espèce bovine	70.80	29.20
Espèce ovine	90.20	9.80
Espèce porcine	47.20	52.80

Veut-on savoir maintenant ce que représente l'importation du bétail de boucherie dans les trois dernières années (1881-1883) ? Un rapide examen du plus grand marché de bestiaux de France va nous l'apprendre. L'ensemble des arrivages sur le marché de la Villette a donné les résultats suivants :

				Provenances.								
				FRANCE			ALGÉRIE			ÉTRANGER		
	1881	1882	1883	1881	1882	1883	1881	1882	1883	1881	1882	1883
	têtes	têtes	têtes	0/0	0/0	0/0	0/0	0/0	0/0	0/0	0/0	0/0
Bœufs	270,766	569,711	257,767	99.1	97.0	96.7	0.1	0.3	0.2	0.8	2.7	3.1
Vaches	74,015	75,660	80,840	98.2	99.5	99.7	»	»	»	1.8	0.5	0.3
Taureaux	15,060	15,008	14,687	99.1	99.3	99.3	»	»	»	0.9	0.7	0.7
Veaux	200,318	194,075	178,798	99.5	98.8	99.5	»	»	»	0.5	1.2	0.5
Moutons	2,039,743	1,199,967	1,989,055	52.7	42.1	40.4	1.4	1.6	1.7	45.9	56.3	57.9
Porcs	276,516	311,376	367,851	94.3	99.7	99.8	6.9	»	»	5.7	0.3	0.2

Pour les trois dernières années, l'importation s'est élevée, en moyenne, sur le marché de la Villette aux taux suivants :

	P. 100.	
Pour l'espèce bovine	1.52	de la consommation.
— porcine	2.07	—
— ovine	53.45	—

Les prix moyens du kilogramme de viande, pour la même période, ont été en augmentant, sauf celui du porc, qui a subi une légère dépréciation, comme l'indique le tableau suivant :

	PRIX MOYEN DU KILOGRAMME.		
	1881	1882	1883
Bœuf	1f,56	1f,59	1f,63
Vache	1,43	1,45	1,50
Veau	1,67	1,70	1,76
Mouton	1,77	1,81	1,86
Porc	1,71	1,69	1,66

Le marché de la Villette peut servir de base d'appréciation générale sur l'ensemble du commerce de la viande, le nombre des animaux qui s'y vend se partageant en deux parts : 70 p. 100 environ des animaux qui y sont amenés sont consommés dans Paris, les 30 p. 100 restants sont vendus à l'extérieur.

La consommation moyenne de la viande à Paris s'élevait, en 1883, à 75 kilogr. par habitant. Combien elle est loin d'être comparable à ce chiffre pour la population de la France entière !

La statistique de la consommation de la viande dans les divers pays est très imparfaitement faite. M. Block l'évalue, pour la France, à 30 kilogr. par tête et par an. Quelle minime quantité et quel nombre considérable de personnes ne consomment jamais de viande, pour que le chiffre moyen soit aussi bas !

Est-il urgent, est-il prudent même de frapper d'un droit à l'entrée un élément de consommation que son prix élevé empêche d'entrer dans l'alimentation d'un si grand nombre de citoyens ?

Poser la question me semble la résoudre. L'agriculture, de son côté, aurait-elle à gagner à l'établissement d'un droit ? C'est ce que nous examinerons plus loin, en nous occupant de la production du sol et de ses rapports avec la quantité du bétail qu'il nourrit.

Je bornerai à ces quelques rapprochements ce qu'il m'était indispensable de rappeler avant d'aborder l'état de la production agricole en France et l'examen des moyens que je crois propres à l'accroître, ce qui doit être l'objectif principal du législateur et du cultivateur. Sans préjuger l'issue des débats qui vont s'engager devant le Parlement au sujet du relèvement des droits, qu'il me soit permis de résumer mon opinion longuement mûrie sur les conséquences du vote du Parlement, quel qu'il puisse être. Adoptés par les Chambres, dans des limites qui ne risquent pas d'amener une élévation du prix du pain et de la viande préjudiciables à toute la nation, les droits sur les céréales et sur le bétail ne modifieront pas la situation critique de l'agriculture. Le Parlement n'en devra pas moins arriver, on le reconnaîtra bien vite si l'on n'en est pas convaincu à l'avance, à l'étude de moyens plus efficaces, d'une application moins facile et moins prompte, mais d'un effet bien autrement sûr et fécond que le relèvement temporaire des droits de douane. D'un autre côté, s'il ne croit pas devoir modifier nos tarifs douaniers, le Parlement n'en sera pas moins tenu de procéder attentivement à l'examen des causes profondes du mal; il sera ainsi conduit à discuter les questions que je me propose d'examiner dans ces pages.

Quelque peu d'espoir qu'il me semble permis aux agriculteurs de fonder sur les bienfaits de la protection, et en raison même de ce peu d'espoir, je ne serais pas éloigné de souhaiter que l'essai en fût fait. Si, contre toute attente, l'agriculture se relève subitement, comme le disent beaucoup de partisans de la protection, je m'en réjouirai sans arrière-pensée ; mais si, au contraire, le malaise grave que nous éprouvons continue, si même il s'accentue, malgré les droits protecteurs, le nombre de ceux qui pensent avec moi que l'intensité du mal n'est nullement proportionnelle aux arrivages des blés et du bétail étrangers, mais qu'elle est due à des causes plus profondes et notamment à l'infériorité numérique de nos rendements et de notre production, ira en croissant; il pourra devenir légion; on travaillera alors avec une ardeur nouvelle aux améliorations législatives, fiscales, économiques et scientifiques, desquelles seules, à mon sens, dépend le progrès futur de notre agriculture, et auxquelles je voudrais voir donner le premier rang.

II

Prix de revient. — Influence de la nature de la semence sur les rendements.

L'un des motifs les plus fréquemment invoqués, dans ces dernières années, en faveur de l'élévation du droit qui frappe aujourd'hui les blés à leur entrée en France, est tiré du *prix de revient* de cette céréale. Le langage des agriculteurs des diverses régions peut se résumer de la façon suivante : « Le prix de revient du blé est trop élevé pour qu'en vendant ce grain aux cours actuels nous ne soyons pas en perte ; un droit à l'importation empêchera l'étranger de venir faire concurrence à nos produits et les prix de vente, se relevant d'autant, dépasseront notablement le prix de revient. » — La première condition pour s'entendre est de parler la même langue et de se servir des mêmes mots pour exprimer même idée ou même fait. Il nous faut donc examiner tout d'abord si les mots *prix de revient* appliqués d'une façon générale à un produit du sol d'un pays tout entier, voire d'une région, ont ou peuvent avoir une valeur absolue. Les agriculteurs du Nord, de la Lorraine, de la Corrèze, etc., énoncent-ils la résultante de facteurs identiques lorsqu'ils parlent du *prix de revient du blé ?* Lorsque ces divers cultivateurs vendent leur blé sensiblement le même prix, réalisent-ils le même bénéfice ou subissent-ils, suivant les cas, une perte égale ? Telle est la première question qui se pose lorsqu'on entend des cultivateurs de régions si différentes parler du prix de revient de leur récolte : question capitale, car, faute de se mettre d'accord sur la valeur des termes qu'on emploie, on est conduit à des interprétations entièrement erronées des faits que ces mots sont censés représenter. Il importe donc de se faire une idée exacte de ce qu'on doit entendre par « prix de revient du blé ».

Tandis que d'un côté on parle sans cesse du *prix de revient* trop élevé du blé, d'autre part on dit et l'on écrit fréquemment que le prix de revient d'un produit agricole est insaisissable, qu'il ne peut se chiffrer même approximativement. Cela est absolument vrai si l'on veut parler d'un prix de revient universel en quelque sorte, c'est-à-dire s'appliquant, pour une denrée déterminée, à un pays tout entier. Il est impossible, évidemment, d'assigner un prix de revient unique au blé pour la France, pour l'Angleterre, etc. Bien plus, le prix de revient varie, non seulement de pays à pays, de région à région, mais encore de ferme à ferme et même de champ à champ, comme nous le verrons tout à l'heure. Mais il faudrait bien se garder de conclure de là que l'agriculteur est dans l'impossibilité d'établir, pour ses propres récoltes, un prix de revient au moins très approché sur lequel il pourra baser ses opérations culturales. Nous pensons, avec

M. E. Lecouteux[1], que les éléments fondamentaux du prix de revient peuvent être ramenés à quatre : le prix de la terre ou son loyer, la dépense de main-d'œuvre, celle des engrais et enfin le rendement de la récolte sur laquelle se répartissent les frais de production. De ces quatre éléments, le facteur dominant se trouve, la plupart du temps, être le rendement. C'est, en tout cas, celui sur lequel le cultivateur peut exercer le plus directement son action.

La valeur foncière et locative du sol, le prix de la main-d'œuvre, celui des fumures et le rendement étant essentiellement variables d'un pays ou d'un lieu à un autre, on voit qu'il serait chimérique de vouloir établir un prix de revient unique du quintal de blé. Il ne serait pas moins faux, d'autre part, de prétendre que, dans des conditions déterminées, cette évaluation n'est pas possible. Je voudrais d'abord, par un exemple décisif, mettre en relief la prédominance du rendement, toutes choses égales d'ailleurs, sur le prix de revient du blé.

Les expériences que je vais rapporter devant nous fournir des éléments très utiles pour l'étude de l'accroissement de la production agricole, je crois devoir les exposer avec quelques détails. De concert avec le directeur de la station agronomique de l'Est, M. Thiry, directeur de l'école d'agriculture Mathieu de Dombasle, a institué en 1884, sur le domaine attenant à l'école, des expériences sur l'influence de la nature de la semence sur le rendement en blé : 13 parcelles d'un même champ, variant en superficie de 7 à 20 ares, ont été préparées avec soin et ensemencées, à l'automne de 1883, avec 13 variétés de blé. Le sol, argilo-siliceux, pauvre en éléments nutritifs, a été analysé et m'a donné les teneurs suivantes en principes fertilisants :

Azote pour 100 parties de sol séché à l'air	0.122
Potasse — —	0.113
Acide phosphorique —	0.095
Chaux — —	0.112

1. *Le Blé, sa culture intensive et extensive,* par E. Lecouteux, professeur d'agriculture au Conservatoire des arts et métiers et à l'Institut national agronomique. In-12. Librairie agricole.

Nous avons donné au sol une fumure minérale présentant, au cas particulier, le double avantage d'une composition rigoureusement établie et d'une valeur argent indiscutable, celle du prix d'achat. Le champ d'expérience, très homogène dans ses diverses parties, avait été semé en avoine en 1882 et laissé en jachère en 1883, année pendant laquelle il reçut, avant la semaille, quatre labours et deux hersages. Avant l'hiver, le sol reçut, au moment du dernier labour, 600 kilogr. (à l'hectare) de phosphate de chaux précipité, à 27 p. 100 d'acide phosphorique, coûtant 21 fr. les 100 kilogr., soit une dépense de 126 fr. à l'hectare. Au printemps de 1883, on sema, en couverture, 250 kilogr. de nitrate de soude (à l'hectare), au prix de 32 fr. les 100 kilogr., soit une dépense de 80 fr. La fumure à l'hectare s'éleva donc à la somme totale de 206 fr. La valeur locative moyenne des terres de cette qualité est d'environ 70 fr. à l'hectare; la main-d'œuvre (frais de culture et de récolte) est évaluée à 124 fr., soit, au total, 400 fr. à l'hectare. Dans cette culture, une seule condition a varié : la nature de la semence employée. Les rendements en grains ont été les suivants :

NUMÉROS des parcelles.	NOM de la variété de blé.	POIDS de l'hectolitre.	RENDEMENT en hectolitres.	RENDEMENT en quintaux métriques à l'hectare.	EXCÉDENT des autres espèces par rapport au blé Chiddam.
		kilogr.	hectolit.	quint. métriq.	quint. métriq.
1	Blé Chiddam.	80 »	18,41	14,73	» »
2	— Aleph.	79 »	20,25	16 »	1,27
3	— White Victoria . .	78,7	22,70	17,87	3,14.
4	— Blé de Haye . . .	80,8	23,27	18,80	4,07
5	— Galand	77,2	24,52	18,93	4,20
6	— Poulard (lisse) . .	77,5	24,76	19,20	4,47
7	— Dattel.	78,4	25,51	20 »	5,27
8	— Golden Dropp. . .	81,6	24,86	20,30	5,57
9	— Hunter Withe. . .	78 »	26,67	21,80	7,07
10	— Blond de Flandre .	80,4	29,60	23,80	9,07
11	— d'Australie. . . .	79,7	30 »	23,93	9,20
12	— Blood Red. . . .	81,7	34,39	28 »	13,27
13	— Lamed	79,4	37,43	29,70	14,97

La nature de la variété de blé a donc, à elle seule, plus que doublé le rendement pour la parcelle 13, la récolte ayant passé de

14 q. m. 73 à 29 q. m. 70. Pour aller au-devant de l'objection qu'il s'agit ici de cultures expérimentales sur des surfaces relativement restreintes (7 à 20 ares par parcelle), je citerai les rendements obtenus cette année par MM. Tourtel à Tantonville et à Ormes (Meurthe-et-Moselle), avec des semences provenant des récoltes antérieures de M. Thiry à l'école Dombasle, semées dans un sol argilo-calcaire avec fumier de ferme :

	QUANTITÉS de terre emblavée.	VARIÉTÉ DE BLÉ.	RENDEMENT en grains à l'hectare.
	—	—	—
	hectares.		quint. métriques.
Ferme d'Ormes.	3,63	Blé de pays	18,95
	4,99	— Chiddam.	20,57
	12,09	— Golden Dropp.	22,75
	7,17	— Blond de Flandre.	20,86
Ferme de Tantonville.	2,68	— Withe Victoria.	24,60
	12,80	— Blood Red	29,60
	5,97	— Hickling	29,91

L'écart maximum en grande culture, à Tantonville, a été de 10 q. m. 96 à l'hectare. Voilà donc, dans une année dont le rendement moyen, pour la France, a été seulement de 15 hect. 90, soit, au maximum, 12 q. m. 13 à l'hectare[1], des sols de moyenne qualité qui ont donné des excédents de récoltes, variant sur la moyenne de la France de 6 q. m. 82 à 17 q. m. 78, suivant la nature de la semence employée. Il saute aux yeux que parler du prix de revient du blé sans spécifier les lieux et les conditions de culture équivaut absolument à ne rien dire.

Mais revenons au champ d'expériences de Tomblaine et cherchons à établir le prix de revient du blé sur chacune de nos parcelles. Pour nous, le prix de revient sera le quotient de la dépense à l'hectare (diminué de la valeur de la paille correspondant au grain récolté) par le nombre de quintaux de blé obtenus. Nous négligeons les frais généraux et l'impôt pour simplifier nos calculs ; cela est d'ailleurs sans importance pour le but que nous nous proposons, les

1. D'après le relevé publié par le *Journal officiel* sur la récolte de 1884, le poids moyen de l'hectolitre serait cette année de 76^{k},3, la récolte en blé s'étant élevée à 111,141,845 hectolitres, pesant 84,803,731 quintaux.

comparaisons que nous allons faire ayant une base commune. Nous négligerons aussi, pour ne pas compliquer outre mesure le problème, les légères variations dans le poids de la paille, suivant les rendements en grains, et nous admettrons le chiffre moyen de 100 kilogr. de paille pour 58 kilogr. de grain vanné.

Enfin, nous prendrons pour bases des évaluations argent le prix de 20 fr. 50 c. par quintal de blé, et de 47 fr. par 1000 kilogr. de paille, prix minima du marché de la Lorraine, en novembre et décembre 1884.

Le tableau suivant nous fournit tous les éléments nécessaires pour établir le prix du blé récolté sur nos treize parcelles.

VARIÉTÉS DE BLÉ.	GRAINS récoltés en quintaux.	VALEUR du blé à 20f,50 le quintal.	PAILLE correspondante au grain.	VALEUR de la paille récoltée.	VALEUR totale de la récolte.	PRIX de revient du quintal de blé.
—	—	—	—	—	—	—
	quint. mét.	Fr.	quint. mét.	Fr.	Fr.	Fr.
1 Chiddam	14,73	301,96	25,39	119,33	421,29	19,05
2 Aleph	16,00	328,00	27,58	129,63	457,63	16,89
3 White Victoria	17,87	366,33	30,81	144,81	511,14	14,31
4 Blé de Haie	18,80	385,40	32,41	152,33	537,73	13,17
5 Galand	18,93	388,06	32,64	153,40	541,46	13,03
6 Poulard lisse	19,20	393,60	33,10	155,57	549,17	12,73
7 Dattel	20,00	410,00	34,48	162,05	572,05	11,89
8 Golden Dropp	20,30	416,15	34,99	164,45	580,60	11,60
9 Hunter Withe	21,80	446,90	37,58	176,63	623,53	10,24
10 Blond de Flandre	23,80	487,90	41,03	192,84	680,74	8,70
11 D'Australie	23,93	490,56	41,26	193,92	684,48	8,61
12 Blood Red	28,00	574,00	48,27	226,87	800,87	6,18
13 Lamed	29,70	608,85	51,20	240,67	849,49	5,36

Nous sommes donc en présence d'un sol de qualité médiocre, mais convenablement fumé et bien cultivé dans lequel, la même année, les rendements à l'hectare présentent un écart de près de quinze quintaux, entraînant une différence, dans le prix de revient du blé, de 13 fr. 69 c. par quintal, suivant la nature de la semence employée.

La dépense pour chaque parcelle étant de 400 fr. à l'hectare, la parcelle n° 1 laisse un bénéfice de 21 fr. 29 c. seulement, c'est-à-dire tout à fait insignifiant et peut-être nul, puisque nous avons négligé de faire entrer en ligne de compte l'impôt et les frais autres que ceux de la culture, de la fumure et de la récolte. La parcelle 5 donne déjà un bénéfice de 141 fr. 66 c. à l'hectare et la parcelle 13 laisse à l'hectare au cultivateur un excédent de 449 fr. 49 c. du produit sur la dépense.

Quelle peut être, nous le demandons au protectionniste le plus convaincu, l'importance, pour le producteur, d'un droit de 3, 4 ou 5 fr. par quintal, à l'importation, sur une matière dont le prix de revient varie, dans un même sol, entre 5 fr. 36 c. et 19 fr. 05 c., c'est-à-dire du double au quintuple de ce droit ? Encore faut-il tenir pour certain que jamais le prix vénal du blé ne s'accroîtra de la quotité du droit de douane.

En 1882, bonne année où la France a récolté 122 millions d'hectolitres de blé, M. Thiry avait obtenu à l'école Mathieu de Dombasle, avec seize variétés de blé, des résultats tout aussi intéressants que ceux que nous venons de rapporter. Les conditions climatériques des années 1882 et 1884 n'ayant point été comparables, je crois utile de résumer ici les essais de culture de 1882, en indiquant d'après les chiffres que m'a remis M. le Directeur de l'école Dombasle, les frais de culture et le prix de revient du blé :

VARIÉTÉS DE BLÉ.	GRAINS récoltés en quintaux à l'hectare.	POIDS de l'hectolitre.	PRIX des 100 kil. de semence.
	q. m.	kilog.	fr.
1 Hunter Withe	17,70	77	88
2 Blé de pays lorrains	22,00	73	33
3 Nonettes de Lausanne	22,90	75	80
4 Hybride Galand	23,80	75	54
5 Hickling	27,30	75	52
6 Blanc de Flandre	27,70	77	57
7 Withe Victoria	28,00	80	54
8 Hunter blanc	28,70	81	54
9 Poulard blanc lisse	28,80	75	54
10 Victoria d'automne	29,20	80	54
11 Blé de Haie	29,30	80	80
12 Golden dropp	29,30	78	88
13 Blood Red	31,20	77	52
14 Blé de Noé	31,90	74	56
15 Blé d'Australie	32,20	75	55
16 Chiddam d'automne	35,00	73	53

Les blés ont été semés en ligne, à raison de 200 litres à l'hectare, soit une moyenne de 152k,400. La semaille a eu lieu dans une pièce de deux hectares faisant partie de la ferme louée à M. Thiry au mois d'octobre 1881, à raison de 125 fr. l'hectare, prix de convenance, M. Thiry évaluant la valeur locative des terres de cette qualité à 70 fr. l'hectare. Le sol de cette pièce est le même que celui du champ d'expérience de 1884. Le terrain avait été cédé à M. Thiry fumé au fumier, labouré et prêt à être ensemencé, moyennant une indemnité de 175 fr. par hectare.

Les frais de la récolte de 1882 sont établis de la manière suivante, d'après la comptabilité de l'école Mathieu de Dombasle :

	A l'hectare.
Location	125f »
Indemnité de fumure et culture	175 »
Ensemencement (main-d'œuvre)	15 »
Semence 200 litres au prix moyen de 60 fr. les 100 kil.	91 ,44
Moisson et battage à la vapeur	80 »
TOTAL	486f,44

M. Thiry fait observer que les frais, aux conditions ordinaires de la culture, c'est-à-dire au prix de location du sol à sa valeur, indépendamment de la convenance, avec l'emploi des semences récoltées sur la ferme, se trouveraient réduits de la façon suivante :

	A l'hectare.
Location	70f »
Ensemencement (main-d'œuvre)	200 »
Semence (200 litres à 30 fr. les 100 kil.)	45 ,60
Moisson et battage à la vapeur	80 »
TOTAL	410f,60

chiffre voisin du nombre rond de 400 fr. que j'ai admis dans mes calculs précédents.

En 1882, l'écart des rendements a été à l'école Mathieu de Dombasle de 17qm,70 (parcelle 1) à 35 quintaux métriques (parcelle 16), soit supérieur à 17 quintaux métriques. Je n'insiste pas sur les prix de revient résultant de cette culture pour chaque variété de blé, faciles à déduire des chiffres qui précèdent. Je me bornerai à constater que M. Thiry a réalisé un bénéfice moyen de 447 fr. 56 c. à l'hectare, en vendant 30 fr. le quintal la récolte comme blé de semence, et qu'il eût encore réalisé un bénéfice de 384 fr. 40 c. au cours de cette époque, 25 fr. le quintal, s'il eût vendu son blé à la meunerie.

Les cultivateurs de Meurthe-et-Moselle accusent un rendement moyen à l'hectare de 14 hectolitres pour l'année 1884, soit 11 quintaux; d'après ce chiffre, qui nous paraît au-dessous de la réalité, le prix de revient du quintal, pour une dépense de 400 fr., dont il faut déduire 89 fr. 11 c. pour la valeur de la paille, ressortirait à 28 fr. 26 c. et constituerait le cultivateur en perte de 7 fr. 76 c. par quintal.

On voit par là, quelle que soit la part à faire à l'hypothèse dans les calculs qui précèdent, à quel droit excessif il faudrait recourir, non pas pour rémunérer largement le cultivateur qui accuse une récolte de 11 quintaux à l'hectare, mais seulement pour équilibrer chez lui la dépense et la recette ! Ce n'est plus de 5 fr. par quintal qu'il faudrait grever le blé étranger, mais de 10 fr., de 15 fr., plus peut-être, en raison de l'application du droit à un faible quantum de la récolte, comme nous l'avons indiqué précédemment. On ne saurait trop le répéter, en effet, la quotité du droit de douane ne relèvera jamais que dans une limite faible le prix vénal du blé indigène. Quel est le législateur qui oserait voter 15 fr. à l'entrée sur le blé ? Je ne crois pas m'exposer à un démenti quelconque en affirmant qu'il ne s'en trouve pas un au Parlement. Les conclusions qui ressortent des expériences de culture que nous venons de rapporter et des rapprochements qu'ils permettent nous paraissent très nettes :

1° Le prix de revient du blé, qu'il est toujours possible d'établir très approximativement, lorsqu'on a en main les conditions de sa culture, a varié dans le même sol du simple au quadruple par suite des écarts de rendement.

Les termes *prix de revient* n'ont donc absolument pas de signification précise lorsqu'ils ne s'appliquent pas à une culture déterminée. Déclarer en bloc les prix de revient trop élevés dans un pays est se payer de mots, puisque, dans un même champ, le seul emploi de telle ou telle semence double la production, pour la même dépense, et fait osciller le prix de revient du quintal, entre 5 fr. et 19 fr., soit sensiblement de 1 à 4;

2° Un droit à l'entrée sur les blés étrangers ne saurait, sans compromettre sérieusement les conditions d'alimentation d'un pays, fournir au producteur une compensation aux trop faibles rendements obtenus; bien moins encore lui assurer un écart largement rémunérateur entre le prix de revient et le prix de vente;

3° Le seul remède à la situation déplorable de l'agriculture, et particulièrement de la culture du blé en France, est l'accroissement notable des rendements. Tous les efforts doivent converger vers ce but et nous examinerons plus loin les moyens de l'atteindre.

Ce que nous venons de dire du blé, nous pourrions, par des exemples analogues, l'établir pour les autres céréales. Nous y reviendrons un jour en abordant un autre point de vue, celui de l'influence de la fumure sur les rendements, toutes choses égales d'ailleurs.

La nature de la variété employée à la semence n'exerce pas une moindre influence sur les rendements du sol en pommes de terre et en betteraves. Les résultats obtenus, en 1884, à l'école Dombasle vont mettre le fait en évidence.

Parallèlement à la culture du blé, dans le sol dont j'ai fait connaître plus haut la composition, M. Thiry a institué des expériences sur le rendement de la pomme de terre, de la betterave fourragère et de la betterave à sucre.

Pommes de terre. — Le sol a reçu, avant la plantation, trois cultures à la charrue, et la fumure suivante à l'hectare :

500 kilogr.	chlorure de potassium (à 50 p. 100 de potasse), à 22 fr. les 100 kilogr., soit	110 fr.
500 —	superphosphate (à 15 p. 100 d'acide phosphorique), à 16 fr. les 100 kilogr., soit	80
200 —	sulfate d'ammoniaque (à 20 p. 100 d'azote), à 41 fr. les 100 kilogr., soit	86
1,200 kilogr.	engrais minéraux pour la somme de	276 fr.

Le champ d'expériences, divisé en quinze parcelles, a reçu quinze variétés de pommes de terre ; le tableau ci-après indique le nom de la variété, la quantité de la semence employée à l'hectare, les rendements brut et net de chaque parcelle et le produit brut argent, à raison de 3 fr. 50 c. les 100 kilogr. de pommes de terre récoltées.

NOMS DES VARIÉTÉS.	QUANTITÉ de semence à l'hectare.	RENDEMENT à l'hectare.	PRODUIT net, semence déduite.	VALEUR argent de la récolte.
—	—	—	—	—
	kilogr.	kilogr.	kilogr.	Fr. c.
1 Vicar of Lalenham	2300	8900	6600	311,50
2 Idaho	3200	9700	6500	339,50
3 Farmer S'Bluch	2400	16100	13700	563,50
4 Van der Veer	3400	16300	12900	570,50
5 Variété de pays	1400	16700	15300	584,50
6 Jancé	2600	17400	14800	609 »
7 Merveille d'Amérique	2700	17800	15100	623 »
8 Champion	2500	18500	16000	647,50
9 Chardon	4300	19500	15200	683,50
10 Forster's Early pratch Blue	4700	19600	14900	686 »
11 Nassengrund	2700	21700	19000	759,50
12 Magnum bonum	1900	22100	20200	773,50
13 Red Skinned flour Ball	3500	23300	19800	815,50
14 Jaune ronde	3100	23700	20600	929,50
15 Richter imperator	3100	24300	21200	847 »

En grande culture, on a obtenu sur le domaine de l'école Dombasle les rendements suivants :

Champion	15420	kilogr.	à l'hectare.
Chardon	16131	—	—
Magnum bonum	17830	—	—
Red Skinned flour Ball	19515	—	—
Richter imperator	21230	—	—

L'influence de la semence n'est guère moins sensible, on le voit, avec la pomme de terre qu'avec les céréales.

Les rendements obtenus varient du simple au triple et le produit, en argent, passe de 311 fr. 50 c. à 847 fr., par la seule différence de la semence employée, le sol et la fumure étant les mêmes pour toutes les parcelles.

Betteraves. — Le champ d'expériences consacré à la betterave, en 1884, a reçu quatre cultures à la charrue et autant de hersages. La semaille a été faite au semoir Smith, à raison de 20 kilogr. de graine à l'hectare. Comme complément d'une demi-fumure au fumier de ferme (200 quintaux à l'hectare), le champ d'expériences a reçu la fumure minérale suivante :

250 kilogr. de chlorure de potassium, à 50 p. 100 de potasse ;
500 — de superphosphate, à 16 p. 100 d'acide phosphorique ;
500 — de nitrate de soude, à 16 p. 100 d'azote.

Les rendements obtenus ont été les suivants :

1° *Betteraves fourragères*

Mammouth	55200 kilogr.
Disette blanche.	55000 —
Jaune globe	50900 —
Tankard	47100 —

2° *Betteraves à sucre :*

Blanche, à collet rose . .	43900 kilogr.	à 20 fr.	les 1,000 kilogr.	=	878 fr.
Allemande pure.	40800 —	—	—	=	816 —
Blanche, à collet vert . .	37500 —	—	—	=	750 —
Blanche, à collet gris . .	36400 —	—	—	=	728 —
Vilmorin amélioré. . . .	28000 —	—	—	=	560 —

Ici encore, des variations considérables dans les rendements, suivant la nature de la semence, sensibles surtout pour la récolte des betteraves à sucre, les quatre variétés de betteraves fourragères ayant été choisies, en vue d'autres essais, parmi les meilleures variétés connues.

Les betteraves sucrières ont donné 28 tonnes et 44,9 tonnes à l'hectare, soit un écart de 17 tonnes environ et une différence en argent de 318 fr. à l'hectare.

Je ne l'ai point dit jusqu'ici, mais tout lecteur au courant de la culture l'a deviné, l'exploitation de l'école Dombasle est aux mains d'un praticien consommé. Son habile directeur, M. H. Thiry, sait que l'une des premières conditions des hauts rendements réside dans le travail du sol, son extrême propreté et sa mise en valeur, autant par les opérations de culture proprement dites, que par la fumure. Des exemples comme ceux que je viens de rapporter ne sauraient manquer de donner leurs fruits : les jeunes gens, au sortir de l'école Dombasle, porteront, dans les exploitations qu'ils sont appelés à diriger, l'expérience acquise *de visu* que la production du sol est loin d'atteindre, en moyenne, dans notre pays, ce qu'on en peut attendre.

Nous venons de voir l'influence décisive exercée sur le rendement de la terre par la qualité des semences qu'on lui confie. L'examen des résultats obtenus, avec la même semence, sous l'action des diverses fumures, va nous montrer combien, de ce côté aussi, l'agriculteur instruit peut accroître son rendement.

En attendant, il se dégage nettement, je le crois, de ce qui précède, une vérité importante, à savoir qu'aucun droit de douane ne peut entrer en ligne de compte avec les résultats à attendre d'un accroissement notable et très possible de la production agricole en France.

III

Influence de la fumure sur les rendements. — Expériences de Rothamsted.

Il ne saurait être question, nous venons de le voir, d'un prix de revient universel pour un produit agricole, pas plus d'ailleurs que pour un produit manufacturé, les conditions de production variant d'un lieu à l'autre et dans le même lieu, de façon telle que des moyennes de quelque exactitude n'en peuvent être déduites.

Quelques exemples tirés de la récolte de cette année ont mis en relief les variations énormes du rendement et, partant, du prix de revient du blé, suivant la nature de la semence employée. La fumure, c'est-à-dire le complément que l'agriculteur est obligé d'apporter aux éléments nutritifs du sol, exerce une influence supérieure encore à celle que nous avons constatée pour la semence. L'importance, extrême pour notre pays, de l'accroissement des rendements en blé me fait espérer que mes lecteurs voudront bien me suivre dans l'exposé et la discussion des résultats numériques dont la comparaison peut seule servir de base à une étude de ce genre.

Les admirables progrès réalisés par les sciences physico-chimiques depuis le commencement du siècle, et le merveilleux parti que l'industrie a tiré des découvertes de la physique et de la chimie, sont les résultats de l'application rigoureuse de la méthode expérimentale à l'étude de la matière et de ses transformations. Les résultats acquis sont, pour ainsi dire, absolus, en ce sens qu'on peut les reproduire à volonté, identiques à eux-mêmes, si l'on se place, ce qui est toujours possible, dans les conditions réalisées par l'expérimentateur, dont on vérifie la découverte ou dont on répète l'expérience.

Malheureusement pour l'agriculture, le problème fondamental de la nutrition des êtres vivants, plantes ou animaux, l'étude du sol, de ses propriétés, de ses produits, ne peuvent aisément être abordés avec une rigueur comparable à celle des phénomènes chimiques et physiques que nous étudions dans nos laboratoires, sur des corps parfaitement définis, dans des conditions de changement d'état dont nous sommes maîtres. Les phénomènes atmosphériques, variables d'une année à l'autre, viennent encore compliquer la question. Une longue série d'années d'observation et d'expériences peut seule atténuer, dans une large limite, l'influence des conditions extérieures : température, pluie, etc.... Si l'on ajoute que, sur la quantité des habitants d'un pays adonnés à la culture, il en est un nombre excessivement restreint sachant expérimenter, dans le sens exact du terme, il n'y a pas lieu de s'étonner du peu de données certaines sur les conditions de production de la plupart des récoltes que nous demandons à la terre.

C'est cependant, pour l'agriculture comme pour l'industrie, de la science expérimentale seule, dans son acception la plus rigoureuse, que nous sont déjà venus et que nous viendront dans l'avenir tous les progrès dans l'art d'obtenir, *avec la moindre dépense, la plus grande somme de produits,* ce qui doit être le but final des efforts du cultivateur.

M. Boussingault, en France ; J. de Liebig, en Allemagne ; sir

J. Bennet Lawes, en Angleterre, ont inauguré, de 1837 à 1840, l'ère féconde des applications des sciences physico-chimiques à l'agriculture.

M. Boussingault, en introduisant l'analyse chimique dans l'étude des phénomènes de la végétation et de l'alimentation des animaux, a posé, avec J. B. Dumas, les fondements de la statique des êtres vivants.

J. de Liebig, en mettant en lumière, d'une façon magistrale, le rôle de la matière inerte dans la nutrition des êtres, a institué la doctrine de la nutrition minérale des végétaux, seule base solide de nos connaissances et de nos études sur les exigences des végétaux, sur l'épuisement du sol par les cultures, sur la nature et la quantité d'éléments fertilisants à restituer à la terre pour maintenir et accroître sa fécondité.

Sir J. Bennet Lawes, en instituant, dès 1837, sur une échelle inconnue jusqu'à lui, les expériences sur les engrais et sur les animaux de ferme qui ont rendu célèbres, dans le monde entier, l'exploitation, les champs d'expériences et les laboratoires de Rothamsted, a fondé la statique chimique du sol et celle de la culture du blé, de l'avoine, de l'orge, des betteraves, etc. Depuis bientôt un demi-siècle, l'éminent agronome, seul d'abord, puis, dès 1843, avec la collaboration du docteur Gilbert, dont le nom est inséparable du sien, poursuit, tant dans les champs d'expériences que sur la ferme de la contenance de 130 hectares qui y confine, des essais méthodiques de la plus haute valeur sur les principaux produits du sol. Ces études expérimentales sont complétées par un ensemble d'observations météorologiques non interrompues depuis plus de quarante ans, qui permet de dégager l'influence des phénomènes atmosphériques de celle des fumures sur le rendement de la terre[1].

On a semé à l'automne de 1884, à Rothamsted, pour *la quarante et unième fois* consécutivement, blé sur blé dans les champs consacrés à l'étude de cette céréale. Au commencement du mois d'octobre

---

1. Je renverrai ceux de mes lecteurs qui désireraient faire plus ample connaissance avec les travaux de sir B. Lawes et du docteur Gilbert au *Journal d'agriculture pratique* (années 1876-1877), dans lequel le savant ingénieur A. Ronna a publié une étude analytique très remarquable des expériences de culture faites à Rothamsted de 1840 à 1875.

dernier a paru, dans le *Journal de la Société royale d'agriculture d'Angleterre*[1], un long Mémoire de sir J. Lawes et du docteur Gilbert, exposant dans leurs détails les résultats de 1864 à 1883, dans la culture non interrompue du blé sur le même sol et dans différentes conditions de fumure. En 1864, sir Lawes et le docteur Gilbert avaient publié le résultat des vingt premières années de culture de blé sur blé, de 1844 à 1863 inclusivement[2].

Au mois d'août dernier, le *Journal de la Société chimique* de Londres a publié le complément de ces belles recherches sur la culture du blé : c'est un Mémoire sur la composition des cendres de blé (grain et paille), récolté à Rothamsted dans différentes années et dans des sols diversement fumés[3].

Nous sommes donc en possession, grâce au labeur infatigable des bénédictins de Rothamsted, d'un ensemble complet de documents de la plus grande valeur sur la culture, la production et la composition du froment (paille et grain) récolté pendant quarante années consécutives dans le même sol, diversement fumé et dans des conditions climatologiques très diverses. On conçoit sans peine l'intérêt de l'œuvre de sir Lawes et de Gilbert pour le praticien ; malheureusement l'Angleterre, pays aussi attaché à la tradition qu'à la liberté, n'a point encore consenti à accepter le système métrique, de sorte que les innombrables chiffres consignés dans ces quarante années d'expériences expriment tous des mesures et des poids anglais ; les récoltes sont données en *bushels, peks, quarters* et *livres-avoir-du-poids*, rapportés à l'*acre*. Les hauteurs de pluie sont en pouces (*inches*), les quantités d'eau récoltées au sortir des drains en *gallons*, ainsi de suite.

La lecture de ces précieux Mémoires est donc impossible pour

1. On the continuous Growth of Wheat on the Experimental Plots at Rothamsted during the 20 years, 1864 to 1884 inclusive. (*Journal of the royal Agricultural Society of England*, n° 40; octobre 1884.)

2. Report of Experiments of the Growth of Wheat for twenty years, in succession on the same Land. (*Journal of the royal Agricultural Society of England.*)

3. On the Composition of the Ash of Wheat-grain and Wheat-straw grown at Rothamsted, in different Seasons and by different Manures. (*Journal of the chemical Society*, t. XLV; août 1884.)

ceux qui ne sont pas familiarisés avec les mesures anglaises et j'ai dû, au préalable, convertir toutes les valeurs numériques dont j'aurai à me servir dans l'examen de cette étude, en nombres dérivés du système métrique[1].

Guidés par l'expérience demi-séculaire des agronomes de Rothamsted, nous allons établir, pour le blé, l'influence décisive des divers s fumures sur le rendement, sur la valeur nutritive du grain et sur le prix de revient. Des recherches expérimentales bien conduites, poursuivies sans interruption, pendant une longue période d'années, sur les mêmes plantes, fournissent des renseignements tellement précis que, chose aussi exacte que peu vraisemblable au premier abord, elles permettent à leurs auteurs de calculer à l'avance, d'après les résultats obtenus dans leurs essais, le rendement probable d'une plante, le blé, par exemple, pour tout un pays. C'est ainsi que, depuis 1862, sir Bennet Lawes et M. Gilbert, annoncent dès le mois de septembre, d'après la récolte de Rothamsted, le rendement moyen de l'Angleterre, le déficit probable de la récolte en blé, par rapport à la consommation, pour l'année suivante.

Quand, un an après cette pronostication, la statistique fait connaître les importations en blé et les rendements à l'hectare, les chiffres officiels et ceux qu'ont publiés, par anticipation, les savants agronomes de Rothamsted, présentent une concordance surprenante. On va en juger par quelques exemples : pour la période de 27 ans comprise de 1852 à 1878, les calculs de rendements à l'hec-

1. J'ai fait tous ces calculs avec le plus grand soin ; tous les nombres que je donne ont été vérifiés à plusieurs reprises. Si, malgré cela, quelque erreur s'était glissée dans l'une des nombreuses transformations que j'ai dû effectuer, je ne voudrais pas qu'elle fût imputée à MM. Lawes et Gilbert. Aussi prierai-je les personnes qui emprunteraient des données numériques à ce travail de vouloir bien indiquer la source à laquelle elles ont puisé, afin de ne pas rendre responsables MM. Lawes et Gilbert d'inexactitudes auxquelles ils seraient tout à fait étrangers. L'Angleterre, pour le dire en passant, devrait, dans l'intérêt général autant que dans celui de ses nationaux, adopter les mesures métriques. Les immenses recherches sorties depuis près d'un demi-siècle de Rothamsted ne sont que très imparfaitement connues à l'étranger, par suite de l'emploi du système de notation anglais des poids et mesures. Si M. A. Ronna n'avait pas pris la peine considérable d'effectuer la transformation des mesures dans l'analyse qu'il a donnée des travaux publiés de 1844 à 1875, presque personne en France n'aurait une idée, même approchée, de l'importance de ces travaux et de leurs résultats.

tare pour tout le Royaume-Uni déduits des expériences de Rothamsted et ceux que fournit la statistique des importations et de la consommation ont été les suivants :

	D'après les importations et la consommation.	Calculés d'après les récoltes de Rothamsted.	DIFFÉRENCE.
	—	—	—
Période de 8 ans. 1852 à 1859.	25h,26	25h,15	— 0.11
Période de 8 ans. 1860 à 1867.	25 ,48	25 ,48	0.00
Période de 8 ans. 1868 à 1875.	23 ,01	24 ,02	+ 1.01
Période de 3 ans. 1876 à 1878.	22 ,90	24 ,47	+ 1.57
27 ans. 1852-1876.	24h,16	24h,78	+ 0.62

Moins de deux tiers d'hectolitre de différence dans l'évaluation du rendement moyen des 27 années !

D'après les récoltes de Rothamsted en 1883, l'importation de blé annoncée, en septembre de la même année, par sir J. B. Lawes, devait s'élever, pour 1884, à 45,859,000 hectolitres ; elle a été de 45,989,000 hectolitres. Ces résultats vraiment remarquables sont de nature, on le voit, à inspirer la plus grande confiance, relativement aux déductions que nous allons tirer de l'examen critique de *Quarante années de culture de blé à Rothamsted.*

IV

Expériences de Rothamsted. — Résumé des résultats de 40 années de culture de blé après blé.

En 1843, sir J. Bennet Lawes résolut d'entreprendre, d'après un plan systématique, et sur une grande échelle, des expériences portant sur les principales récoltes de l'Angleterre, dans le but de déterminer aussi complètement que possible les relations de chacune d'elles avec le sol, l'atmosphère et les engrais. L'éminent agronome a tenu son programme, et depuis quarante et un ans ses essais ont été poursuivis sans interruption sur le blé, l'avoine, l'orge, les betteraves, le turneps, le trèfle, les prairies permanentes, etc., etc. De plus, afin d'assurer la perpétuation de son œuvre, sir J. Bennet Laves a fait don à son laboratoire, par acte authentique, d'une somme de 2 millions et demi, dont l'intérêt sera appliqué, après sa mort, à la continuation de ses expériences.

Dans son *Essai sur l'économie rurale de l'Angleterre*[1], L. de Lavergne écrivait, en 1854, à propos de l'installation de Rothamsted, alors *unique au monde : « Un simple particulier a créé là et soutenu à ses frais une entreprise dispendieuse, qui fait ailleurs reculer les gouvernements et qui sera pour le pays entier d'une immense utilité. Toute l'Angleterre a les yeux fixés sur ses expériences; on a déjà tiré de précieux renseignements sur les variétés d'engrais qui conviennent le mieux aux diverses espèces de cultures et de terrains.* » Il y a trente ans que L. de Lavergne signalait à la France l'œuvre de sir Bennet Lawes; quelle importance n'ont pas acquise depuis les résultats de Rothamsted, et cependant combien d'agriculteurs en France ignorent jusqu'aux noms mêmes du grand agronome anglais et de son collaborateur, le docteur Gilbert !

Quelque intéressant pour notre pays que soit l'exposé des résultats acquis par de semblables expériences, je ne saurais, sans dépasser beaucoup les limites dans lesquelles je dois m'enfermer, résumer tous les essais de Rothamsted. Je me bornerai donc à présenter un aperçu général des expériences sur le blé, en m'efforçant de mettre en relief les enseignements que l'agriculture française doit en retirer, pour l'accroissement du rendement de notre sol[2].

L'état sommaire des champs d'expériences de Rothamsted pour la campagne 1884-1885 donne une idée de la portée scientifique et pratique de l'œuvre de sir J. Lawes et du docteur Gilbert :

NATURE DES RÉCOLTES ET DES ESSAIS.	DURÉE des essais.	SURFACE des champs d'expériences en hectares.	NOMBRE des parcelles.
Blé (fumures diverses)	41 ans.	$5^h,26$	37
Blé (alternant avec jachères)	33 —	0 ,40	2
Blé (semences diverses)	15 —	$1^h,61$ à $3^h,24$	20 variétés.

1. *Essai sur l'économie rurale de l'Angleterre*, 4e édition, 1863, page 245.

2. On trouvera dans le travail de M. A. Ronna des renseignements numériques sur les principaux essais de fumure des autres récoltes.

NATURE DES RÉCOLTES ET DES ESSAIS.	DURÉE des essais.	SURFACE des champs d'expériences en hectares.	NOMBRE de parcelles.
Orge (fumures diverses)	33 ans.	1h,72	29
Avoine (fumures diverses)	10 —	0 ,30	6
Fèves (fumures diverses)	32 —	0 ,50	10
Fèves (fumures diverses)	27 —	0 ,40	5
Fèves (alternant avec jachères)	28 —	0 ,40	10
Trèfles (fumures diverses)	30 —	1 ,21	18
Légumineuses diverses	7 —	1 ,21	17
Turneps (fumures diverses)	28 —	3 ,24	40
Betteraves à sucre (fumures diverses)	5 —	3 ,24	41
Betteraves fourragères (fumures diverses)	9 —	3 ,24	41
Pommes de terre (fumures diverses)	9 —	0 ,81	10
Rotations diverses	27 —	1 ,00	12
Prairies permanentes (fumures diverses)	29 —	2 ,83	22
TOTAUX		29h,06	320

Le nombre d'observations précises, de déterminations de rendements, de documents de toute sorte recueillis, pendant quarante et un ans, sur ces 29 hectares, divisés en 320 parcelles, est vraiment colossal. Les données qu'on en peut déduire : sur les exigences des végétaux en principes nutritifs, sur l'influence des saisons sur les récoltes, sur le rendement et la composition des produits suivant la nature des fumures, fournissent des indications dont l'importance et la précision n'ont été atteintes, même de loin, dans aucun pays. Sir J. B. Lawes poursuit, en outre, chaque année, dans la ferme de 130 hectares attenant aux installations scientifiques de Rothamsted et qu'il cultive lui-même, les applications, en grand, des résultats obtenus dans les champs d'expériences. Des essais entrepris, sous sa direction, sur divers points du territoire anglais, viennent enfin compléter l'admirable ensemble des recherches auxquelles il a consacré sa vie et une partie de sa fortune.

En 1853, l'Angleterre agricole, pénétrée de reconnaissance pour les services que sir Lawes lui avait rendus, a, par souscription publique, élevé un laboratoire modèle dans le parc de Rothamsted. Le 19 juillet 1855, le comte de Chichester, assisté de sir John Tylden, du révérend Huxtable, de sir E. Baker et de l'élite des agriculteurs et propriétaires de l'Angleterre, remettait solennellement à M. Lawes, au nom du comité, le nouvel édifice et deux magnifiques candélabres, en métal massif, à la fabrication desquels le reliquat de la souscription avait servi : « *Je n'essayerai pas,* dit le noble lord en s'adressant à M. Lawes, *de narrer ce que vous doit la cause agricole dans ce pays. En effet, tant que nous aurons des cultivateurs sachant lire et rechercher les conditions des progrès réalisés ; tant que nous aurons des fermiers prêts à tirer parti de l'expérience scientifique ; tant que l'on regardera comme essentiel pour l'agriculture et pour la nation de pouvoir produire le plus possible d'aliments animaux et végétaux avec la plus grande économie ; tant que l'on se proposera de développer le rendement des céréales, d'activer la croissance des légumineuses et de protéger les racines contre la maladie, cette journée figurera comme une des plus glorieuses pour l'agriculture, et votre nom, Monsieur Lawes, sera estimé et honoré à l'égal de ceux des plus grands bienfaiteurs de notre pays*[1]. »

L'analyse sommaire des *Quarante années de culture de blé* va donner une idée des immenses services de sir J. Lawes et justifier amplement l'éloge que le comte de Chichester adressait, il y a trente ans, au nom de l'agriculture anglaise, au fondateur de Rothamsted.

Le champ de Broadbalk, consacré depuis 1843 à la culture du blé, a porté cette céréale sans aucune interruption pendant quarante ans. Lorsque les expériences ont commencé, cette pièce de terre pouvait être considérée comme épuisée par les récoltes successives qu'on en avait tirées. Le sol de ce champ présentait, au moment où il a été soumis au premier essai, un sol à blé de bonne qualité moyenne. Avec une forte fumure, il donnait, tous les cinq ans, à cette époque, de 22 à 24 hectolitres de blé à l'hectare.

La valeur locative des sols analogues du voisinage variait de 75 à 90 fr. à l'hectare, franc de l'impôt de la dîme. Sol argileux (forte terre à blé), à sous-sol d'argile jaune rougeâtre reposant sur la craie et par suite drainé naturellement, tel est le champ d'expériences de Broadbalk. Trois variétés de blé ont été successivement cultivées de 1843 à 1884 : ce sont l'*Old Red Lammer*, de 1843 à 1848 ; de 1849

1. *The Herts Guardian*, 28 juillet 1855 ; et A. Ronna : *Rothamsted*. Paris, 1877.

à 1853, le *Red Cluster* ; enfin, de 1853 jusqu'à ce jour, le *Red Rostock*.

Les extrêmes des quantités de grains et de paille récoltés, de 1843 à 1884, sur le champ de Broadbalk ont été les suivants :

	GRAIN en hectol.	PAILLE en kilogr.
Maximum	50,07	7393
Minimum	4,27	855
Écart	45,80 hect.	6538

Le rendement total à l'hectare, paille et grain, a varié de 11269 kilogr. à 1135 kilogr., soit un écart de plus de dix tonnes, à l'hectare, dans le poids des plantes récoltées, en un an, sur le champ.

Ces quelques chiffres montrent, sans qu'il soit besoin de commentaire, l'extrême intérêt pratique qui s'attache aux expériences de Rothamsted.

Le champ de Broadbalk, divisé en 37 parcelles, comprend un nombre égal d'essais différents depuis quarante ans ; force m'est de choisir quelques-uns des plus importants et de laisser entièrement les autres de côté.

Les tableaux I à V résument les résultats d'expériences répétées, dans sept conditions très différentes, mais toujours identiques pour chaque parcelle, pendant quarante années consécutives, sur le même sol. Les chiffres qui s'y trouvent consignés nous permettent d'ailleurs de tirer des résultats qu'ils représentent des conclusions très nettes, concernant l'influence de la fumure sur le rendement, sur le prix de revient du blé et, ce qui est plus important encore, sur le moyen certain d'accroître le rendement de nos sols à blé, de qualité médiocre ou moyenne, dans une proportion très notable.

Voici les indications relatives à la fumure de chacune des parcelles, indications indispensables pour discuter les chiffres de nos cinq tableaux :

Parcelle n° 3. — Sans aucune fumure depuis 1843.

Parcelle n° 2. — 35,000 kilogr. de fumier de ferme à l'hectare, tous les ans depuis 1843.

La composition moyenne de ce fumier, déduite de celle des fumiers des exploitations environnantes, est la suivante :

1,000 kilogr. de fumier renferment :

242^k,8 d'eau ;
757 ,2 de substance sèche.

Les 757^k,2 de substance sèche contiennent :

		Soit, pour 35,000 kilogrammes à l'hectare.	
Azote	64^k »	Azote	224^k »
Potasse	53 ,7	Potasse	188 »
Acide phosphorique	22 ,8	Acide phosphorique	79 ,7

Parcelle n° 5. — Sir J. Lawes se proposait, dès le début de ses essais, d'étudier pratiquement l'importante question suivante : les végétaux, et en particulier le froment, peuvent-ils puiser dans l'atmosphère, en même temps que le carbone, l'azote nécessaire à leur constitution[1] ? Pour la résoudre, il consacra vingt-deux parcelles à des essais de culture du blé dans le même sol recevant, suivant les cas, des engrais minéraux renfermant de la potasse, de l'acide phosphorique, de la chaux et de la magnésie, associés ou non à de l'azote sous diverses formes : azote organique (fumier), sels ammoniacaux et nitrates.

La parcelle 5 est l'une de celles qui n'a reçu pendant quarante années que des engrais minéraux sans azote.

La fumure de cette parcelle, que nous désignerons désormais, pour abréger, sous le nom d'*engrais minéral,* est la suivante :

Sulfate de potasse, 224 kilogr. à l'hectare, correspondant à 112 kilogr. de potasse à l'hectare ;
Sulfate de soude, 112 kilogr. à l'hectare ;
Sulfate de magnésie, 112 kilogr. à l'hectare ;
Superphosphate de chaux, 440 kilogr.[2], correspondant à 71^k,9 d'acide phosphorique, à l'hectare.

1. Le prix du kilogramme d'azote dans les fumures variant de 1 fr. 50 c. à 3 fr., il était du plus haut intérêt de savoir si, comme on l'a longtemps soutenu, les végétaux, se chargeant de puiser l'azote dans l'air, nous dispensent de leur en fournir dans les fumures.

2. Ce superphosphate est obtenu par le traitement de 224 kilogr. de cendre d'os par 168 kilogr. d'acide sulfurique de 1.7 de densité.

Parcelle 6. — Engrais minéral (comme dans la parcelle 5), plus 224 kilogr. de sels ammoniacaux. (Mélange à poids égaux de sulfate et de chlorhydrate d'ammoniaque du commerce.) Cela donne à l'hectare :

Potasse	112^k »
Acide phosphorique	71 ,90
Azote ammoniacal	48 ,15

Parcelle 7. — Engrais minéral (comme dans la parcelle 5), plus 448 kilogr. de sels ammoniacaux. Ce qui donne à l'hectare :

Potasse	112^k »
Acide phosphorique	71 ,9
Azote ammoniacal	96 ,3

Parcelle 9. — Engrais minéral (comme dans la parcelle 5), plus 616 kilogr. de nitrate de soude à l'hectare, soit à l'hectare :

Potasse	112^k »
Acide phosphorique	71 ,9
Azote nitrique	96 ,3

Les parcelles 7 et 9 ne diffèrent donc l'une de l'autre, par leur fumure, qu'en ce que le même poids d'azote qu'elles reçoivent est, pour la première, à l'état d'ammoniaque, et pour la seconde, sous celui de nitrate.

Parcelle 8. — Engrais minéral (comme parcelle 5), plus 672 kilogr. de sels ammoniacaux, soit, à l'hectare, une fumure contenant:

Potasse	112^k »
Acide phosphorique	71 ,9
Azote ammoniacal	144 ,5

En résumé, les sept parcelles envisagées ont été, par rapport les unes aux autres, traitées ainsi qu'il suit pendant quarante années consécutives :

Parcelle 3. — Pas de fumure.

Parcelle 2. — Fumier de ferme.

Parcelle 5. — Engrais minéral seul.

Parcelle 6. — Engrais minéral, plus azote.

Parcelle 7. — Engrais minéral et deux fois autant d'azote que parcelle 6.

Parcelle 8. — Engrais minéral et trois fois autant d'azote que parcelle 6.

Parcelle 9. — Engrais minéral et autant d'azote que parcelle 7, mais sous forme d'acide nitrique au lieu d'ammoniaque.

La comparaison des rendements moyens du champ de Broadbalk pour les quarante années, dans les sept conditions de fumure, est rendue facile à l'aide des tableaux suivants. Pour les parcelles 2 et 3, les chiffres représentent les moyennes des quarante années écoulées de 1843 à 1884 ; pour les autres parcelles, les moyennes de trente-deux années seulement ; la première série de huit années a été laissée de côté, parce que tout en ayant reçu, dès 1843, les engrais indiqués plus haut, les parcelles de 5 à 9 ont subi dans leur fumure quelques légères variations, qui ne se sont plus produites depuis 1852, époque à partir de laquelle les doses d'engrais ci-dessus ont été régulièrement appliquées tous les ans à chacune d'elles.

Les deux premières colonnes de chaque tableau donnent les rendements maxima et minima de la période de quarante ans, correspondant les uns, à la meilleure année, 1863, et les autres à la plus mauvaise année, 1879.

Tableau I. — Rendements en grains à l'hectare.

(*Exprimés en hectolitres.*)

INDICATION des parcelles.	MAXIMA en 1863.	MINIMA en 1879.	DIFFÉRENCES.	MOYENNE de 32 années (1852-1883).
N° 3.	15^h,72	4^h,27	11^h,45	11^h,76
— 2.	39 ,52	14 ,35	25 ,17	30 ,07
— 5.	17 ,63	5 ,05	12 ,58	13 ,70
— 6.	35 ,59	9 ,43	26 ,16	21 ,67
— 7.	48 ,16	14 ,59	33 ,57	29 ,41
— 9.	49 ,96	19 ,76	30 ,20	32 ,56
— 8.	50 ,07	18 ,64	31 ,33	32 ,56

Ce tableau indique la moyenne du nombre d'hectolitres de blé vanné et débarrassé des pailles, balles et de la poussière, récolté annuellement pendant trente-deux années consécutives. L'écart maximum dans les rendements annuels moyens pour les trente-deux années est de 20^{h},80, entre la parcelle non fumée et les parcelles 8 et 9. Les colonnes 1 et 2 mettent en relief l'influence des conditions atmosphériques. La meilleure année a été 1863-1864; la plus mauvaise 1879. Ces chiffres montrent qu'une fumure convenable atténue dans une notable proportion les influences atmosphériques. L'écart maximum a été de 45^{h},80 entre la parcelle 8 (1863) et la parcelle 3 (1879).

Dans la plus mauvaise année, on a encore récolté à Rothamsted 19 à 20 hectolitres, sur les sols convenablement fumés, tandis que la parcelle sans fumure donnait 4 hect. un quart seulement, à l'hectare. On remarquera également que la parcelle à engrais minéral sans azote a donné, dans la mauvaise année, un rendement presque aussi faible que la parcelle sans fumure.

Si l'on rapporte les rendements des six parcelles fumées à celui de la parcelle 3, qui n'a reçu aucune fumure depuis quarante ans, on obtient les relations suivantes :

Parcelle 3. — Sans fumure	1 »
Parcelle 2. — Fumier de ferme	2,56
Parcelle 5. — Engrais minéral	1,16
Parcelle 6. — Engrais minéral + 48 kilogr. azote	1,84
Parcelle 7. — Engrais minéral + 96 kilogr. azote (ammoniaque)	2,50
Parcelle 9. — Engrais minéral + 96 kilogr. azote nitrique	2,77
Parcelle 8. — Engrais minéral + 144 kilogr. azote ammoniacal	2,77

Le tableau II montre les variations du poids de l'hectolitre de blé, d'où dépend la valeur nutritive du grain, suivant une opinion généralement admise, mais qui aurait besoin peut-être d'être mieux démontrée pour devenir définitive :

Tableau II. — Poids moyen de l'hectolitre de grains.
(*Exprimé en kilogrammes.*)

INDICATION des parcelles.	MAXIMA en 1863.	MINIMA en 1879.	DIFFÉRENCES.	MOYENNE de 32 années (1852-1883).
N° 3.	78^{k},21	65^{k},49	11^{k},72	73^{k},35
— 2.	78 ,71	70 ,85	7 ,86	74 ,85
— 5.	78 ,58	66 ,79	11 ,79	73 ,22
— 6.	77 ,71	70 ,48	7 ,23	74 ,22
— 7.	77 ,96	70 ,73	7 ,23	74 ,22
— 9.	77 ,46	70 ,48	6 ,98	73 ,22
— 8.	77 ,41	70 ,48	6 ,93	73 ,85

Il est à noter que, tandis que les conditions météorologiques amènent dans le poids spécifique du blé des différences très notables, atteignant jusqu'à 13 kilogr. par hectolitre, le poids maximum correspondant à la meilleure année, la nature de la fumure, au contraire, n'exerce qu'une influence très faible sur cette propriété des grains (écart maximum, 1k,63).

Il n'y a donc rien à redouter de l'emploi des engrais chimiques en ce qui concerne la densité du grain.

Tableau III. — Rendements en grains à l'hectare.

(*Exprimés en quintaux métriques.*)

INDICATION des parcelles.	MAXIMA en 1863.	MINIMA en 1879.	DIFFÉRENCES.	MOYENNE de 32 années (1852-1883).
N° 3.	12qm,29	2qm,80	9qm,49	8qm,62
— 2.	31 ,11	10 ,17	20 ,94	22 ,51
— 5.	13 ,85	3 ,37	10 ,48	10 ,03
— 6.	27 ,66	6 ,65	21 ,01	16 ,08
— 7.	37 ,54	10 ,32	27 ,22	21 ,83
— 9.	38 ,70	13 ,93	24 ,77	23 ,84
— 8.	38 ,76	13 ,14	25 ,62	24 ,04

Le tableau III se passe de commentaires. Il représente les récoltes moyennes des grains, en quintaux métriques. J'ai cru utile de donner ce tableau qui n'existe point dans le mémoire de MM. Lawes et Gilbert, parce qu'en France les transactions sur le blé se font au quintal, plus généralement qu'à l'hectolitre.

Rapportés à la parcelle sans fumure, les rendements du tableau III se traduisent ainsi :

Parcelle 3. — Sans fumure	1 »
Parcelle 2. — Fumier de ferme.	2,61
Parcelle 5. — Engrais minéral.	1,16
Parcelle 6. — Engrais minéral + 48 kilogr. azote	1,86
Parcelle 7. — Engrais minéral + 96 kilogr. azote ammoniacal. . .	2,53
Parcelle 9. — Engrais minéral + 96 kilogr. azote nitrique	2,76
Parcelle 8. — Engrais minéral + 144 kilogr. azote ammoniacal . .	2,78

L'écart maximum dans les rendements annuels de trente-deux

années a été de $15^{qm},42$ à l'hectare, celui qui résulte des conditions météorologiques atteint $35^{qm},96$.

Tableau IV. — Rendements en paille à l'hectare.

(Exprimés en kilogrammes.)

INDICATION des parcelles.	MAXIMA en 1863.	MINIMA en 1879.	DIFFÉRENCES.	MOYENNE de 32 années (1852-1883).
	Kilogr.	Kilogr.	Kilogr.	Kilogr.
N° 3	1793	855	938	1423
— 2	4784	2508	2276	4001
— 5	1936	959	977	1640
— 6	4161	1784	2377	2814
— 7	6573	3375	3198	4223
— 9	7072	4870	2202	5265
— 8	7393	4678	2715	5078

Le tableau IV représente les poids de paille et balles correspondant aux poids du grain récolté. L'influence des différentes formes de l'azote contenu dans les fumures est ici très manifeste.

Rapportés à la parcelle sans fumure, les rendements en paille et balles sont les suivants :

Parcelle 3. — Sans fumure	1 »
Parcelle 2. — Fumier de ferme	2,81
Parcelle 5 — Engrais minéral	1,15
Parcelle 6. — Engrais minéral + 48 kilogr. azote	1,97
Parcelle 7. — Engrais minéral + 96 kilogr. azote ammoniacal	2,96
Parcelle 9. — Engrais minéral + 96 kilogr. azote nitrique	3,70
Parcelle 8. — Engrais minéral + 144 kilogr. azote ammoniacal	3,56

Les écarts maxima dans les rendements en paille ont été, dans les trente-deux années moyennes, de 3655 kilogr. à l'hectare ; ils ont atteint 6538 kilogr., suivant la saison.

Enfin, le tableau V résume la production totale à l'hectare (grains et paille) dans les sept conditions des expériences. Il montre dans quelles proportions énormes les conditions météorologiques et la fumure peuvent influencer les récoltes de céréales.

Tableau V. — Récolte totale (paille et grains) à l'hectare.

(*Exprimée en kilogrammes.*)

INDICATION des parcelles.	MAXIMA en 1863.	MINIMA en 1879.	DIFFÉRENCES.	MOYENNE de 32 années (1852-1883).
	Kilogr.	Kilogr.	Kilogr.	Kilogr.
N° 3.	3022	1135	1887	2285
— 2.	7895	3525	4370	6252
— 5.	3321	1296	2025	2643
— 6.	6927	2449	4478	4422
— 7.	10327	4405	5922	6406
— 9.	10942	6263	4679	7649
— 8.	11269	5992	5277	7482

L'hectare a produit, en 1879, sur un sol non fumé, 1135 kilogr. de paille et grains, tandis qu'en 1863 on a obtenu, sur la même surface (parcelle 6), 11279 kilogr., soit dix fois autant. Les rendements moyens rapportés à la parcelle sans fumure ont été les suivants :

Parcelle 3. — Sans fumure	1 »
Parcelle 2. — Fumier de ferme.	2,73
Parcelle 5. — Engrais minéral.	1,16
Parcelle 6. — Engrais minéral + 48 kilogr. azote.	1,93
Parcelle 7. — Engrais minéral + 96 kilogr. azote ammoniacal. . .	2,80
Parcelle 9. — Engrais minéral + 96 kilogr. azote nitrique	3,85
Parcelle 8. — Engrais minéral + 144 kilogr. azote ammoniacal . .	3,27

Le fait qui frappe tout d'abord, quand on parcourt ces tableaux, c'est la possibilité d'obtenir pendant quarante années consécutives, sur le même sol, une récolte de blé supérieure à la récolte moyenne des pays les mieux cultivés et dans lesquels le blé ne revient sur le même champ que toutes les trois ou cinq années. Ce fait à lui seul doit être un puissant encouragement dans la voie de l'accroissement des rendements, puisqu'il démontre qu'une fumure convenablement choisie permet d'obtenir des résultats réputés impossibles à atteindre par beaucoup de praticiens. Il existe en Angleterre, parmi les imitateurs de Rothamsted, des cultivateurs qui cultivent en grand, blé sur blé, pendant cinq ou six années consécutives avec plein succès.

Afin d'aller au-devant d'une objection qu'on leur avait adressée dès le début de leurs essais, objection qui consistait à dire que le sol de Broadbalk était un sol particulièrement apte à la culture du blé, sir J. Lawes et le Dr Gilbert ont entrepris diverses séries d'expériences parallèles sur le blé dans différents terrains.

Les essais de fumure faits sur un autre point de Rothamsted pendant huit années de suite, dans un champ (Hoosfield) qui avait déjà porté du blé sans fumure pendant quatre années consécutives; les expériences instituées à Holkham-Park, dans le comté de Norfolk, en sol léger et maigre, formé de sable argileux reposant sur une marne très calcaire; ceux de Romersham (comté de Kent) en sol argileux reposant sur la craie, ont donné des résultats tout à fait analogues, dans leur ensemble, à ceux de Broadbalk. La généralisation des résultats obtenus à Rothamsted est donc absolument légitime.

Il nous reste à déduire les résultats économiques, au point de vue *argent*, de cette série si intéressante d'expériences. Comme il est aisé de le prévoir, le prix de revient a dû varier dans les essais de Rothamsted dans un sens parallèle au rendement. MM. Lawes et Gilbert se sont bornés dans leurs publications sur le blé à exposer les résultats si précieux de quarante années d'expériences. Ils ont laissé le soin aux agronomes et aux praticiens de tirer de leurs chiffres des conclusions économiques appropriées aux conditions particulières où ils se trouvent placés. Nous allons essayer de montrer l'immense service rendu par les savants anglais en mettant le cultivateur à même de produire, à un prix rémunérateur, la céréale la plus importante pour toutes les nations civilisées.

V

Expériences de Rothamsted. — Influence de la fumure sur le prix de revient du blé.

Les conclusions qui découlent des *quarante années de culture du blé* à Rothamsted sont trop nombreuses pour qu'il nous soit possible de les indiquer toutes dans cette rapide étude. Nous bornant à quelques rapprochements sur les rapports de la fumure avec le rendement et le prix de revient du blé, nous laisserons aux cultivateurs le soin d'appliquer, aux cas particuliers de leur exploitation, les enseignements précieux pour le praticien de cette longue série d'expériences, dont ils ont sous les yeux les éléments principaux.

Dans des essais agricoles de longue durée, comme ceux de Rothamsted, les influences atmosphériques s'atténuent presque complètement : la différence entre les rendements moyens, en grain et paille, de la parcelle restée sans engrais et ceux des parcelles diversement fumées, donne une mesure presque rigoureuse de la part des fumures dans l'accroissement de la fertilité du sol.

Si, pour fixer les idées, nous affectons aux frais généraux de culture d'un hectare de blé, à la fumure qu'il reçoit, au quintal de grain et de paille qu'il produit, des prix déterminés, nous arriverons à des conclusions absolument certaines, concernant la valeur relative de chacune des fumures, tous nos éléments de discussion ayant un point de départ identique.

Suivant les conditions spéciales de sa propre exploitation, un cultivateur pourra ensuite, en partant de ces données, effectuer les calculs relatifs à son domaine ; les chiffres auxquels il arrivera différeront des nôtres, suivant le prix du loyer, celui de la main-d'œuvre de la semence, etc., mais les rapports existant entre les résultats obtenus avec les diverses fumures n'en seront point altérés. On remarquera, d'ailleurs, que plus les frais généraux sont élevés, plus le cultivateur a intérêt à accroître le rendement du sol. Il s'ensuit que les bénéfices dépendant de la fumure seront d'autant plus marqués, toutes choses égales d'ailleurs, que le capital engagé à l'hectare sera plus considérable.

Comme point de départ de nos évaluations, nous admettrons les éléments qui nous ont servi pour la discussion des résultats obtenus à l'école Mathieu de Dombasle :

Loyer, frais de labour, semailles, culture et récolte, à l'hectare	200 fr.
Prix des 100 kilogr. de sulfate d'ammoniaque (à 20 p. 100 d'azote)	40 —
Prix des 100 kilogr. de sels de potasse (à 50 p. 100 de potasse)	25 —
Prix des 100 kilogr. de superphosphate de chaux (à 16 p. 100 d'acide phosphorique)	13 —

Prix des 100 kilogr. de nitrate de soude (à 15.16 p. 100 d'azote) . . . . 28 fr.
Prix du quintal de blé . . . . 21 —
Prix des 1,000 kilogr. de paille . . . . 50 —

Quant au fumier de ferme dont le prix dépend du mode de comptabilité adopté à son égard, on ne peut, comme pour les engais commerciaux, lui assigner une valeur rigoureuse. J'adopterai sa valeur vénale en Lorraine, soit environ 8 fr. par 1000 kilogr. Sir J. Lawes m'écrit, à la date du 1er décembre 1884, que la valeur du fumier à Rothamsted ne peut être estimée au-dessus de 7 fr. les 1000 kilogr.; il ajoute que le prix vénal de l'azote ammoniacal ou nitrique, en Angleterre, est à l'heure actuelle de 1 fr. 40 c. le kilogramme. M'adressant aux agriculteurs français, j'ai adopté, pour les engrais chimiques, les cours élevés de notre marché en 1883. Les matières fertilisantes, par excellence, sont la potasse, l'acide phosphorique, les sels azotés; j'ai cru pouvoir négliger, dans mes évaluations, le prix de la magnésie, de la chaux et de la soude des fumures de Rothamsted. Sur ces bases, la dépense totale à l'hectare et par an s'établit de la manière suivante :

	FUMURE.		FRAIS généraux.		DÉPENSE totale.
	Fr. c.		Fr. c.		Fr. c.
Parcelle 3. — Sans fumure	» »	+	200 »	=	200 »
Parcelle 2. — 35,000 kilogr. fumier de ferme, à 8 fr. les 1,000 kilogr.	280 »	+	200 »	=	480 »
Parcelle 5. — Engrais minéral, 112 kilogr. potasse à 0 fr. 50 c. + 71^k,9 acide phosphorique à 0 fr. 80 c.	113,50	+	200 »	=	313,50
Parcelle 6. — Engrais minéral (113 fr. 50 c.) + 48 kilogr. azote à 2 fr.	209,50	+	200 »	=	409,50
Parcelle 7. — Engrais minéral (113 fr. 50 c.) + 96^k,3 à 2 fr.	306,10	+	200 »	=	506,10
Parcelle 8. — Engrais minéral (113 fr. 50 c.) + 144^k,5 à 2 fr.	402,50	+	200 »	=	602,50
Parcelle 9. — Engrais minéral (113 fr. 50 c.) + 96^k,3 azote à 1 fr. 79 c.	285,90	+	200 »	=	485,90

Laissant de côté, pour un instant, les frais généraux estimés à 200 fr. à l'hectare, cherchons quels ont été, par rapport aux dépenses occasionnées par les diverses fumures, les rendements en grain et paille et leurs excédents, sur le produit de la parcelle sans fumure : le tableau suivant va vous l'apprendre :

NUMÉROS des parcelles.	DÉPENSE en fumures à l'hectare.	RENDEMENT à l'hectare.		EXCÉDENTS sur la parcelle 3.		EXCÉDENT de production totale à l'hectare. sur la parcelle 3.
		En grain.	En paille.	En grain.	En paille.	
	Fr. c.	Quintaux.	Kilogr.	Quintaux.	Kilogr.	Kilogr.
3.	» »	8,62	1423	»	»	»
2.	280 »	22,51	4001	13,89	2578	3967
5.	113,50	10,03	1640	1,41	217	358
6.	209,50	16,08	2814	7,46	1391	2137
7.	306,10	21,83	4223	13,21	2800	4121
8.	402,50	24,04	5075	15,42	3652	5194
9.	285,90	23,84	5265	15,22	3812	5334

L'influence favorable de la fumure sur le produit total (blé et paille) à l'hectare se classe, d'après les chiffres ci-dessus, dans l'ordre suivant :

1° Parcelle 9. — Engrais minéral + 96 kilogr. azote nitrique.
2° Parcelle 8. — Engrais minéral + 144k,5 azote ammoniacal.
3° Parcelle 7. — Engrais minéral + 96 kilogr. azote ammoniacal.
4° Parcelle 2. — Fumier de ferme.
5° Parcelle 6. — Engrais minéral + 48 kilogr. d'azote ammoniacal.
6° Parcelle 5. — Engrais minéral, sans azote.

Le rendement maximum en grain a été obtenu par l'engrais minéral additionné de 144k,5 d'azote (parcelle 8), le rendement maximum en paille, par l'engrais minéral additionné de nitrate de soude.

En résumé, indépendamment de la question *argent*, que nous allons examiner, c'est le mélange d'engrais minéral et de nitrate de soude (parcelle 9) qui a donné le rendement total le plus élevé. L'engrais minéral appliqué *seul* a augmenté le rendement dans une proportion insignifiante, et l'addition de 48 kilogr. d'azote à cet engrais (parcelle 6) a fourni des rendements très inférieurs à ceux des autres parcelles (2, 7, 8 et 9).

Pour déterminer le bénéfice brut à l'hectare, il faut retrancher de la dépense que nous venons d'établir, pour chaque parcelle, la somme des prix de vente du blé et de la paille récoltés.

Appliqués aux chiffres des tableaux 3 et 4, les prix de 21 fr. par quintal de blé et 50 fr. par 1000 de paille, donnent les sommes qu'il faut retrancher de la dépense à l'hectare, pour avoir le bénéfice résultant de la fumure :

PRODUIT.			PRODUIT total à l'hectare.	DÉPENSE à l'hectare.	BÉNÉFICE à l'hectare.
		Fr. c.	Fr. c.	Fr. c.	Fr. c.
Parcelle 3	Blé	181 »	= 252,15	— 200 »	= 52,15
	Paille	71,15			
Parcelle 2	Blé	472,71	= 672,70	— 480 »	= 192,70
	Paille	200 »			
Parcelle 5	Blé	210,63	= 292,63	— 313,50	= Perte de 20f,87.
	Paille	82 »			
Parcelle 6	Blé	337,70	= 478,40	— 409,50	= 68,90
	Paille	140,70			
Parcelle 7	Blé	458,40	= 669,55	— 506,10	= 163,45
	Paille	211,15			
Parcelle 8	Blé	504,80	= 758,55	— 602,50	= 156,05
	Paille	253,75			
Parcelle 9	Blé	500,64	= 763,89	— 485,90	= 277,99
	Paille	263,25			

Le produit *argent* de la récolte a donc varié, suivant la fumure, de —20 fr. 87 c. à 277 fr. 99 c., soit de 298 fr. 86 c., en chiffre rond, de 300 fr. à l'hectare.

Ces résultats mettent en évidence plusieurs faits du plus haut intérêt pour le praticien; passons rapidement en revue les principaux d'entre eux :

1° Le blé n'est pas apte à emprunter à l'atmosphère des quantités suffisantes d'ammoniaque pour fournir de hauts rendements : cela ressort de la comparaison du rendement de la parcelle 5, qui n'a reçu que de l'engrais minéral sans azote, avec ceux des parcelles 7, 8 et 9, fumées avec les mêmes quantités de potasse et d'acide phosphorique, mais ayant reçu, en plus, de l'azote sous forme d'ammoniaque ou de nitrate. L'azote est donc un élément indispensable des hauts rendements des céréales.

Il faut de toute nécessité le faire entrer dans les fumures.

2° La forme sous laquelle on introduit l'azote dans le sol exerce sur les rendements une influence des plus marquées. Cet aliment des plantes a été fourni au blé dans les essais de Rothamsted, à trois états bien différents : à l'état de matière organique (albumine, fibrine végétales, etc., etc.) dans le fumier de ferme (à la dose de 224 d'azote à l'hectare) ; à l'état de sels ammoniacaux (parcelles 6, 7 et 8), à doses croissantes de 48 kilogr., 96 kilogr. et 144k,5 à l'hectare) ; enfin (parcelle 9), à l'état de nitrate (96 kilogr.).

L'écart dans les rendements en grain et en paille est considérable : il s'ensuit que les quantités d'azote correspondant à la production de 100 kilogr. de grain et 100 kilogr. de paille varient notablement suivant l'origine de l'azote fourni au sol.

Une autre série d'expériences faites à Rothamsted, parallèlement à celles qui nous occupent, a montré que les engrais azotés (ammoniaque et acide nitrique) ne produisent leur effet d'une façon économique qu'à la condition d'être associés, soit naturellement par la richesse du sol, soit par l'addition directe à la terre, à une dose suffisante, de potasse et d'acide phosphorique.

Des parcelles fumées uniquement avec des sels ammoniacaux ont exigé, pour constituer un quintal de blé et la paille correspondante, des quantités d'azote doubles et triples, suivant les cas, de celui qui est nécessaire, en présence de la potasse et de l'acide phosphorique en quantité convenable, pour la nutrition de la plante.

Le tableau suivant indique les quantités d'azote, dans l'engrais, nécessaires pour produire, dans les divers cas, 100 kilogr. de grain et 100 kilogr. de paille dans les parcelles diversement fumées, et les rendements par kilogramme d'azote des engrais.

	AZOTE dans la fumure.	EXCÉDENT produit par l'azote.		QUANTITÉ D'AZOTE correspondant à un excédent de		QUANTITÉ produite avec 1 kilogr. d'azote.	
		Grain.	Paille.	100 kilogr. grain.	100 kilogr. paille.	Grain.	Paille.
	Kilogr.	Q. m.	Q. m.	Kilogr.	Kilogr.	Kilogr.	Kilogr.
Parcelle 2. .	224 »	13,89	25,78	16,12	8,70	62	105
Parcelle 6. .	48 »	7,46	13,91	6,4	3,45	155	289
Parcelle 7. .	96,3	13,21	28 »	7,2	3,44	137	291
Parcelle 8. .	144,5	15,42	36,52	9,4	3,95	107	252
Parcelle 9. .	96,3	15,22	38,62	6,3	2,49	158	401
Sels ammoniacaux seuls.	96,3	»	»	22,1	»	»	»
Nitrate de soude seul. . . .	96,3	»	»	13,1	»	»	»

Un excès d'ammoniaque, comme dans la parcelle 8, loin d'être économique, abaisse le rendement du blé et de la paille, par rapport à la quantité d'azote donné au sol. Le résumé final de ces comparaisons est que la parcelle fumée avec un mélange d'engrais minéral et de nitrate de soude a été, de beaucoup, la plus productive à tous les points de vue.

La meilleure fumure pour le blé en terre argileuse serait donc incontestablement, d'après les expériences de Rothamsted, la suivante, à l'hectare, en l'absence de fumier de ferme.

440 kilogr. superphosphate de chaux.
225 kilogr. sulfate de potasse, ou 225 kilogr. de chlorure de potassium.
616 kilogr. nitrate de soude.

C'est, en effet, sous la forme d'azote nitrique que les céréales utilisent le mieux, et, partant, le plus économiquement pour le cultivateur, les principes azotés des fumures. Le fumier de ferme possède une action fertilisante beaucoup plus lente que les fumures chimiques, parce que les matières organiques azotées qu'il renferme doivent être transformées dans le sol en acide nitrique et en ammoniaque pour pouvoir servir à la nutrition des plantes.

3° Le prix de revient du blé est très sensiblement influencé par la nature de la fumure, comme tout ce que nous venons de voir le fait pressentir.

Le tableau suivant nous montre qu'il varie, d'après les chiffres que nous avons adoptés pour nos calculs, de 9 fr. 34 c. le quintal (parcelle au nitrate de soude), à 23 fr. 08 c. (parcelle à l'engrais minéral sans azote).

	QUINTAUX récoltés à l'hectare.	DÉPENSE totale à l'hectare.	VALEUR de la paille correspondante à déduire.	COUT du blé récolté.	PRIX de revient du quintal produit.	Prix de revient du quintal excédant le rendement de la parcelle 3
	Q. m.	Fr. c.	Fr. c.	Fr. c.	Fr. c.	Fr. c.
Parcelle 3 . . .	8,62	200 »	71,15	128,85	14,95	»
Parcelle 2 . . .	22,51	480 »	200 »	280 »	12,55	5,90
Parcelle 5 . . .	10,03	313,50	82 »	231,50	23,08	22,34
Parcelle 6 . . .	16,08	409,50	140,70	268,80	16,71	9,22
Parcelle 7 . . .	21,83	506,10	211,15	294,95	13,51	7,18
Parcelle 8 . . .	24,04	602,50	253,75	348,75	14,51	9,64
Parcelle 9 . . .	23,84	485,90	263,25	222,65	9,34	1,48

La dernière colonne de ce tableau me semble particulièrement intéressante, en ce qu'elle met en relief les écarts, inattendus au premier abord, entre le prix de revient de chaque quintal excédant le rendement moyen de la parcelle sans fumure depuis quarante ans. Les chiffres de cette colonne sont obtenus en divisant la dépense de fumure à l'hectare, diminuée de la valeur de la paille, par le nombre de quintaux obtenu en plus, dans chaque parcelle, que dans le n° 3, pour lequel il n'a été fait aucune dépense d'engrais.

Nous voilà ramenés à notre point de départ, à savoir que le prix de revient du blé est essentiellement variable avec les conditions de sa production. Le quintal au cours actuel des matières fertilisantes, étant donné le prix de la paille (50 fr. les 1000 kilogr.), revient, pour la parcelle 9, à 9 fr. 34 c., et laisse à l'hectare, dans l'hypothèse d'une dépense de 485 fr. 90 c., un bénéfice net de 278 fr. Avec le fumier de ferme, le prix de revient s'élève à 12 fr. 55 c., et le bénéfice descend à 193 fr., chiffre très rémunérateur encore ; mais le cultivateur qui n'aurait employé que des engrais minéraux sans azote, comme dans la parcelle 5, aurait vu monter à 23 fr. le prix de revient du quintal, avec une perte sèche de 21 fr. par hectare soumis à ce régime. Ainsi, comme la nature de la semence, celle de la fumure exerce une grande influence sur le rendement et sur le prix de revient du blé. L'emploi judicieux des engrais minéraux peut donc rendre d'immenses services à notre agriculture, à laquelle un bétail beaucoup trop peu nombreux, relativement à la surface cultivée, ne permet pas de restituer les substances exportées par les récoltes.

Tous les efforts du cultivateur doivent porter sur l'augmentation de son bétail, source d'un double profit, par les produits qu'il fournit à l'alimentation humaine et par les résidus qu'il laisse à sa sortie de la ferme. Partout où le fumier fera défaut dans une mesure quelconque, les engrais minéraux et azotés seront là pour combler le vide et permettre des rendements rémunérateurs.

D'où viennent donc les mécomptes fréquents des agriculteurs et notamment des petits cultivateurs qui ont essayé dans leurs terres les engrais minéraux ? Il faut le dire bien haut, ces mécomptes, dus souvent à une application mal entendue des engrais chimiques, tiennent, pour une beaucoup plus large part, à la fraude éhontée dont le commerce des engrais est l'objet dans notre pays. Cette fraude atteint principalement la petite culture, par une raison bien simple.

Le grand propriétaire ou le riche fermier peuvent s'adresser, pour l'achat de matières fertilisantes, aux maisons de commerce qui livrent avec garantie de teneur en azote, acide phosphorique ou potasse, les engrais fabriqués et vendus honnêtement par elles. Le paysan, qui ignore souvent le nom de ces commerçants honnêtes, et j'ai hâte de dire qu'il y en a beaucoup aujourd'hui, est la proie du commis-voyageur en engrais. Celui-ci, représentant des maisons véreuses, dont les bénéfices considérables ne sont dus qu'à la fraude sur la qualité de la marchandise vendue, s'attable au cabaret ou au domicile du paysan, sollicite ce dernier pour lui vendre un sac d'engrais qui doit faire merveille. Le paysan résiste d'abord, mais de guerre lasse finit par céder; quatre-vingt-dix-neuf fois sur cent, il est indignement volé, l'engrais semé dans le champ ne produit aucun effet, et voilà un homme à tout jamais hostile aux fumures complémentaires. Les meilleurs arguments, la preuve qu'il a été trompé outrageusement, ne l'amèneront pas à changer d'avis, rien ne le fera revenir sur sa première impression. Il en sera de même souvent du moyen cultivateur : ainsi s'expliquent les insuccès si fréquents des soi-disant engrais chimiques et la répulsion d'un grand nombre d'agriculteurs à tenter à nouveau des essais qui ont si mal réussi, à eux ou à leur voisin. C'est en s'inspirant du tort énorme causé à l'agriculture par les fraudeurs, que le ministre de l'agriculture a déposé à la Chambre des députés un projet de loi, longuement élaboré dans le sein d'une commission du conseil supérieur de l'agriculture, pour la répression de la fraude en matière d'engrais.

Ce projet porte un article additionnel à la loi de 1867, ainsi conçu :

Sont punis d'un emprisonnement de un à cinq jours et d'une amende de 1 à 15 fr., tous marchands d'engrais qui n'auront pas indiqué à l'acheteur, sur la facture à fournir au moment de la livraison et sur les lettres de factures en connaissement, le nom, la matière, la provenance et la teneur en azote, en acide phosphorique et en potasse à l'état assimilable pour 100 kilogr. d'engrais.

Le Parlement, dans sa sollicitude pour les intérêts de l'agriculture, ne tardera pas, nous l'espérons, à voter cette loi, dont l'effet affranchira bientôt, si on l'applique rigoureusement, les cultivateurs des manœuvres dolosives de certains négociants trop nombreux encore en France.

Un agriculteur ne doit acheter d'engrais artificiels que sur garantie expresse de sa teneur en principes fertilisants. Nous examinerons plus loin les moyens simples auxquels les cultivateurs soucieux de leurs intérêts peuvent dès aujourd'hui recourir pour se procurer, au meilleur marché et avec toutes les garanties désirables, les engrais complémentaires dont ils ont besoin.

Rien ne montre mieux la nécessité de la loi déposée sur le bureau de la Chambre des députés, par M. le Ministre de l'agriculture, que l'accueil fait au projet de loi par certains marchands d'engrais. Tandis que les maisons les plus honorables ont accueilli avec faveur l'obligation d'inscrire sur leurs factures la garantie de titre des produits qu'ils offrent aux agriculteurs, d'autres négociants, comprenant l'atteinte que la loi portera au commerce des fraudeurs, s'élèvent avec vigueur contre les mesures qui doivent protéger les cultivateurs contre les agissements des vendeurs peu scrupuleux. D'autre part, la pétition suivante, adressée à la Chambre de commerce de Nantes et qu'on fait circuler en ce moment, donnera la mesure de la disposition de certains esprits à l'égard de la législation projetée :

Le Gouvernement se propose, à la rentrée des Chambres, de déposer un projet de loi destiné à réprimer les fraudes qui se produisent dans le commerce des engrais. Tout en approuvant le but louable que cherche à atteindre M. le Ministre de l'agriculture, nous fabricants d'engrais, venons attirer votre attention sur une partie du projet de loi, qui est de nature à porter une atteinte grave à la sécurité de nos affaires, et nous mettrait, si elle était adoptée, dans l'impossibilité à peu près absolue de continuer nos opérations commerciales.

Le projet, en effet, porte que nous devrons, sur la facture, sous peine d'encourir l'amende et la prison, indiquer le dosage en azote et en phosphate de chaux de l'engrais vendu.

La garantie que l'on veut nous demander peut, au besoin, être donnée pour les engrais chimiques et les engrais composés, avec quelques centièmes en plus ou en moins ; mais pour les engrais naturels, tels que les guanos, les phosphates fossiles, noirs, etc., etc., la garantie du dosage est absolument impossible. En effet, les importateurs du guano reçoivent leurs marchandises par grosses cargaisons, prises dans diverses parties des gisements ; les échantillons prélevés à l'arrivée des navires en Europe donnent un dosage moyen sur lequel les ventes ont lieu ; mais il existe dans les sacs, des différences en azote et en acide phosphorique qu'il est de toute impossibilité au vendeur d'éviter.

Pour arriver à la garantie que demande la loi, il faudrait analyser sac par sac, il est inutile d'insister sur une pareille idée, absolument irréalisable.

Pour les phosphates fossiles provenant, soit de la Meuse, soit des Ardennes, soit du Boulonnais, les bancs donnent également des dosages fort différents. Il arrive souvent, pour ne pas dire toujours, que le même puits donne des phosphates ayant plusieurs degrés d'écart.

Malgré tous les soins que prend l'extracteur, il est certain que lorsqu'il opère sur des milliers de tonnes, il est obligé de s'en rapporter à des moyennes d'analyses, de là des sacs plus riches les uns que les autres.

Il en est de même pour les noirs de raffinerie, qui donnent, suivant la fabrication à l'usine, des écarts d'analyses considérables.

MM. les chimistes ne sauraient contester les faits que nous avançons; quel que soit le soin avec lequel ils opèrent, la façon sérieuse dont sont prélevés les échantillons, il se produit continuellement des différences souvent considérables. Nous tenons à votre disposition de nombreux documents de toutes sortes établissant d'une façon indiscutable ce que nous avançons.

Notamment, sur un échantillon de phosphate importé récemment par le navire *Vétéran,* appartenant à M. Demange, de cette ville, et prélevé par les soins de M. F. Banchais, courtier de marchandises, les analyses contradictoires faites au laboratoire départemental de la Loire-Inférieure et à Paris, ont donné un écart de près de quatre degrés de *phosphate de chaux tribasique.*

Nous venons en conséquence, vous prier, Messieurs, de vouloir bien transmettre à M. le Ministre de l'agriculture, les observations que nous vous soumettons plus haut, et de lui demander que dans la loi il soit édicté : que l'acheteur aura droit seulement à une réfraction, sans qu'il puisse être exercé de poursuites, lorsque l'écart trouvé à l'analyse n'indiquera pas d'une façon certaine et par son importance, la fraude du vendeur.

L'application de la loi, si elle était votée telle qu'elle est proposée, ne saurait avoir d'autre résultat que d'obliger les maisons françaises ayant à cœur leur dignité, de renoncer à la lutte et de laisser les engrais étrangers, surtout anglais, inonder notre marché au grand détriment des intérêts véritables de nos agriculteurs. L'engrais chimique peut convenir à quelques cultures, mais dans la plupart des cas, son emploi ne saurait être généralisé sans de graves dangers pour l'agriculture.

Si, par impossible, les conclusions des pétitionnaires étaient acceptées, les agriculteurs devront s'abstenir d'acheter un sac de guano ou de phosphate fossile aux négociants refusant la garantie d'*un titre minimum* en azote et en acide phosphorique, la réfraction dont il est question dans la pétition n'étant possible qu'avec l'indication exacte de la garantie d'une teneur minima en principes fertilisants. Quant à la dernière phrase, nos lecteurs savent, d'après les résultats des cultures de Rothamsted, ce qu'il en faut penser.

Abordons maintenant l'examen des moyens pratiques d'accroître les rendements du sol français. La possibilité de cet accroissement ne saurait faire doute, je l'espère, pour ceux qui ont bien voulu me suivre dans cette étude. Il nous reste à examiner la part qui incombe à chacun, propriétaires, fermiers, État et départements, dans la poursuite de ce progrès duquel seul dépendent, à nos yeux, le relèvement de l'agriculture française, dans le présent, et sa prospérité dans l'avenir.

VI

Consommation et production moyenne de la France de 1821 à 1880. — Mauvaise période 1871-1880. — La semaille en ligne.

La première condition pour remédier à une situation fâcheuse est de la connaître exactement : d'en déterminer, si possible, les causes profondes afin de chercher, non des palliatifs, mais une médication certaine qui atteigne le mal dans son origine et le détruise. Dans l'étude que nous avons entreprise, nous avons dû d'abord jeter un coup d'œil général sur la production en blé de la France. Nous avons ensuite établi par des exemples probants l'influence décisive qu'exercent sur les rendements la qualité de la semence et l'application de fumures convenablement choisies. Les expériences de Rothamsted ne me paraissent laisser aucun doute sur la possibilité d'accroître très notablement nos rendements en blé, à la condition de faire au sol les avances nécessaires. Deux faits d'ordre scientifique, d'une importance capitale, résument les quarante années d'expériences de MM. Lawes et Gilbert ; on ne saurait trop les rappeler à l'attention des agriculteurs.

Premièrement, MM. Lawes et Gilbert ont démontré la possibilité de cultiver pendant une longue séries d'années sur le même champ la même espèce agricole, à la condition de lui fournir chaque année les aliments dont elle a besoin, pour donner des rendements rémunérateurs. En second lieu, leurs expériences ont prouvé qu'on peut obtenir économiquement, pendant quarante années consécutives, une moyenne de 30 à 33 hectolitres de blé sur un sol qui, dans la pratique agricole, donne, année moyenne, 22 à 24 hectolitres de froment, tous les cinq ans. Les conséquences de ces faits sont pleines d'enseignements. Avant d'examiner les modifications profondes à introduire dans nos errements, pour imprimer à l'agriculture nationale un progrès que rien, *à priori*, ne peut empêcher d'espérer, je crois utile de serrer, de plus près que je ne l'ai fait jusqu'ici, la question de la production du blé et du déficit de nos rendements, par rapport à la consommation de la France.

Quel est depuis soixante ans l'état de la culture du blé en France? Quel est au juste le quantum des importations pour cette période? Sommes-nous fatalement voués, dans l'avenir, à recourir à l'étranger, comme c'est le cas de la Grande-Bretagne? Autant de points que nous voudrions préciser avant d'aborder l'examen des moyens propres à accroître nos rendements.

Contrairement à ce que pensent beaucoup de personnes peu familiarisées avec les questions économiques, la France est loin d'importer tous les ans du blé ou des farines pour son alimentation. Dans la période de soixante ans, écoulée de 1821 à 1880 (défalcation faite de 1870, année sur laquelle manquent tous documents statistiques), nous avons été importateurs trente-trois fois, tandis que vingt-six récoltes nous ont permis d'être exportateurs. En réunissant les trente-trois années où la France a dû, pour nourrir sa population, importer du blé ou des farines de l'étranger, on trouve que la quantité totale du froment importé s'est élevée, depuis 1821, à 187.244.256 hectolitres (*Annuaire statistique de la France pour 1883*)[1].

De ce chiffre, il convient de déduire 45.271.391 hectolitres de blé exportés par nous dans les vingt-six années où la récolte a surpassé nos besoins. En fait, l'importation totale du blé, en cinquante-neuf années, a été de 141.972.865 hectolitres, soit une moyenne annuelle de 2.406.320 hectolitres. Répartie sur les 6.900.000 hectares environ de sol emblavé dans notre pays, l'importation accuse un déficit dans le rendement de 0 hectol. 345 par année; en d'autres termes,

1. Farines comprises, réduites en blé du poids de 75 kilogr. l'hectolitre.

une augmentation de 35 litres par hectare nous eût mis, année moyenne, à l'abri de l'importation, dont l'un des moindres inconvénients n'est pas la sortie de notre numéraire. Après cette vue sommaire, entrons dans l'examen de la situation créée par dix mauvaises années de récoltes.

Les souffrances de l'agriculture se sont accentuées d'une façon toute spéciale depuis une douzaine d'années et, comme nous le disions tout à l'heure, il faut en préciser l'étendue et l'importance, afin d'en trouver le remède. Restreignant la discussion, pour le moment au moins, à la question du blé, nous allons chercher à évaluer, pour la période de 1871 à 1880, qui comprend *une majorité de mauvaises années,* la production de la France, sa consommation et les importations que le déficit des récoltes a rendues nécessaires. Du rapprochement de ces divers éléments ressortira la démonstration encourageante de la faiblesse du déficit à combler, par de meilleurs procédés de culture immédiatement applicables, pour porter la production de la France à la hauteur de sa consommation, c'est-à-dire pour affranchir le pays de l'importation étrangère. Restera ensuite à établir les moyens de rendre la France exportatrice à son tour et à fixer la part du propriétaire, du fermier et de l'État dans la réalisation de ce problème qui n'est point un songe creux, j'espère le prouver d'une façon indiscutable.

De 1871 à 1880, une succession presque ininterrompue de mauvaises années a créé ou, tout au moins, gravement accru le malaise général de l'agriculture européenne. Le mal est devenu si profond que trois années relativement fécondes, 1882 à 1884, dans lesquelles la production du blé s'est relevée pour la France de 98 millions d'hectolitres (moyenne de 1871-1880) à 112 millions (moyenne de 1882 à 1884), loin de l'enrayer, l'ont plutôt accru, par suite du haut prix de revient résultant de trop faibles rendements à l'hectare, coïncidant avec le bas prix du produit, dû à son abondance relative. L'examen attentif des conditions économiques de la culture du blé, dans cette période de 1871 à 1880, me semble des plus instructifs et mériter qu'on entre, à son sujet, dans quelques détails.

J'ai dit, au début de cette étude, qu'on évaluait généralement, à l'heure présente, la quantité de blé nécessaire annuellement à la consommation de la France entre 105 et 110 millions d'hectolitres. En l'absence de documents sur lesquels puisse s'étayer directement cette assertion, nous avons cherché, par deux méthodes différentes, à arriver à une évaluation approximative, indispensable pour fixer les idées sur ce point important.

La première évaluation que je vais indiquer a pour base la quantité de pain consommée et celle de la semence employée aux emblavures. La seconde repose sur le chiffre des importations auxquelles la France a dû recourir, de 1871 à 1880, pour combler le déficit laissé par la production indigène. Elles se contrôlent l'une l'autre et fournissent, je crois, une évaluation très voisine de la réalité.

La population de la France était, d'après le dernier recensement (1881), de 37.500.000 habitants, en chiffre rond. D'après les relevés statistiques des quatre-vingt-sept chefs-lieux de département, la consommation moyenne du pain par tête d'habitants existant dans le rayon de l'octroi a été, pour l'année 1880, de 201^{k},656, ce qui donne une moyenne de 0^{k},552 par jour. A ce compte, la population de la France consommerait annuellement 7.562.100.000 kilogr. de pain (7 milliards 1/2 de kilogrammes). L'hectolitre de blé a pesé, en moyenne, 76 kilogr. de 1871 à 1880. Le rendement du quintal de blé en farine est sensiblement de 74 kilogr. D'autre part, en moyenne, un quintal de farine donne 134 kilogr. de pain. Il suit de là qu'un quintal de blé fournit 109^{k},200 de pain environ. La quantité de blé nécessaire à la consommation annuelle de la France, en pain, est, d'après ce calcul, de 6.925.000.000 kilogr., correspondant à 91.118.400 hectolitres de blé. A ce chiffre, il convient d'ajouter celui du nombre d'hectolitres nécessaire à l'emblavure des 6.900.000 hectares. La semaille à la volée étant malheureusement de beaucoup la plus employée et nécessitant des quantités de semence variant de 210 à 250 et au-dessus à l'hectare, suivant l'habileté du semeur et les routines locales, on peut, sans crainte d'être taxé d'exagération, admettre qu'un hectare de terre reçoit, en moyenne, un minimum de 220 litres de semence[1]. De ce chef, une consommation de 15.180.000 hectolitres.

---

1. J'ai vu certains cultivateurs en consommer jusqu'à 3 hectolitres à l'hectare.

En additionnant ces deux quantités, on arrive au total suivant :

Consommation des habitants.	91.118.400 hectolitres.
Blé employé en semence.	15.180.000 —
Soit, en tout.	106.298.400 hectolitres.

Ne sont pas comprises dans cette évaluation les quantités de blé employées par l'industrie à la fabrication de la semoule, des pâtes alimentaires, etc. Cette consommation de 106 millions d'hectolitres semble donc un minimum.

La seconde méthode de calcul de notre consommation est la suivante : J'ai relevé la production totale, en blé, de la France, pendant la période décennale 1871-1880 inclus. La statistique[1] donne pour ces dix années un chiffre de 990.047.240 hectolitres, soit, par année moyenne, 99.004.724 hectolitres. D'autre part, l'excès des importations sur les exportations indique, pour le même laps de temps, 103.168.431 hectolitres, attestant une importation correspondant au déficit de notre récolte, comparée à nos besoins, de 10.316.843 hectolitres, année moyenne.

D'après ces bases, la consommation totale de la France, de 1871 à 1880, a été, par année moyenne, de la quantité suivante :

Blé récolté sur le sol français.	99.004.724 hectolitres.
Blé importé.	10.316.843 —
Consommation totale.	109.321.567 hectolitres,

en excès sur une première évaluation, de 3.023.167 hectolitres, qui doivent représenter les quantités de blé transformé, en France, en pâtes alimentaires et autres dérivés analogues du froment. Quoi qu'il en soit de la rigueur de ces évaluations, que je ne présente point comme absolues, la France a besoin annuellement, comme je le disais en commençant, d'une quantité de blé comprise entre 105 et 110 millions d'hectolitres (*voir Appendice, note 1*).

Dans les dix années (1871 à 1880), quel a été le rendement moyen de l'hectare ? 14 hectol. 36. Durant la même période, regardée en

1. Voir l'annexe 2 de la note de M. E. Cheysson.

Angleterre, de même que chez nous, comme une mauvaise série d'années de production du blé, le rendement n'a atteint que 22 hectol. 32 au lieu de 26 à 27 hectolitres, chiffre moyen des sept années antérieures et des années postérieures. Les bonnes conditions de culture et de fumure ont contre-balancé, dans une mesure notable, pour la Grande-Bretagne, l'influence funeste des intempéries et maintenu pendant ces dix ans son rendement moyen supérieur au nôtre de près de 8 hectolitres (7 hectol. 96).

Chose digne de remarque, cette période décennale, si médiocre dans son ensemble, comprend l'année du plus fort rendement moyen en blé que le sol français ait sans doute jamais donné (19 hectol. 64 en 1874), rendement de nature, on en conviendra, à justifier l'opinion que 20 hectolitres à l'hectare ne sont point un objectif auquel notre pays ne puisse prétendre atteindre régulièrement quand il en prendra les moyens.

Le déficit résultant d'une série de mauvaises années s'est donc traduit par la nécessité d'importer, par année, de 1871 à 1880, 10.316.843 hectolitres de blé. Qu'est-ce que cela représente pour notre culture ? Une insuffisance de rendement de 1 hectol. 49 ; *un hectolitre et demi par hectare* en chiffre rond. Est-il déraisonnable d'admettre la possibilité d'un accroissement moyen annuel de cette faible quotité ? Évidemment non, l'accroissement du rendement ayant été presque égal à ce chiffre, dans les vingt dernières années, comme nous allons le montrer.

Grâce aux améliorations déjà réalisées dans les procédés de culture, si faibles qu'elles paraissent, le rendement moyen de la France s'est accru depuis une trentaine d'années d'une manière appréciable.

Pour la période de 1821 à 1880, embrassée dans son ensemble, la production moyenne annuelle à l'hectare a été de 13 hectol. 55. Mais si l'on compare les périodes 1821-1852 et de 1852-1878, on arrive à des résultats encourageants :

La moyenne des années 1852-1878 a été de 14 hectol. 29, la moyenne des années 1821-1852 n'étant que de 12 hectol. 82. Il résulte, de là, une augmentation de 1 hectol. 46 à l'hectare, pour la dernière période. La production s'est accrue de près de 6 hectolitres à l'hectare, dans la Haute-Vienne, depuis le commencement du siècle. Quand le cultivateur saura, par l'application des conditions que nous examinerons plus loin, obtenir de la terre ce qu'elle doit lui donner, nul doute pour nous qu'il n'obtienne facilement une augmentation de 5 à 6 hectolitres de rendement à l'hectare, qui nous affranchirait à tout jamais de l'importation étrangère et ferait de la France, mieux cultivée, ce qu'elle doit être : un pays d'exportation de blés.

Les conditions culturales et économiques de l'Angleterre sont tout autres.

De 1852 à 1878, elle a importé annuellement en moyenne, chiffre rond, 25 millions d'hectolitres de blé (24.670.106). Elle importera cette année 45 millions d'hectolitres, en partie par suite de la réduction de près d'un tiers, depuis quelques années, de la surface emblavée. Sa production moyenne annuelle, pour cette période, a été de 27 hectol. 62 à l'hectare. Celle de la France étant de 14 hectol. 29, la différence, en faveur de la Grande-Bretagne, est de 13 hectol. 33.

13 hectol. 33, c'est presque le chiffre de notre production moyenne depuis soixante ans (13 hectol. 55 !). Est-il possible d'attribuer un pareil écart à la nature du sol, au climat ou à des conditions dont les modifications échapperaient fatalement à l'homme ? Nous n'en croyons rien et nous sommes convaincu de la possibilité d'accroître nos rendements, sinon, avec le temps, de les amener à égaler ceux de l'Angleterre.

On pourrait dès aujourd'hui citer en France nombre d'exploitations dirigées d'une façon intelligente, sans dépense excessive, mais avec un capital suffisant, où les rendements moyens, sur une période assez longue, atteignent 25, 30 et même 35 hectolitres et au-dessus à l'hectare (*voir Appendice, note II*).

Les enquêtes officielles, les rapports des Sociétés agricoles de l'Allemagne, pays où la culture est entrée dans la voie qui a imprimé à l'industrie moderne de si merveilleux progrès, la voie scientifique expérimentale, ont révélé, en 1884, des rendements, sur une grande échelle, de 33, 40, 45 et 50 hectolitres à l'hectare, dans le Hanovre, à Hall-sur-Saal, à Benkendorff et à Rethen, etc. Si l'on devait considérer notre minime rendement moyen de 15 hectolitres à l'hectare comme une limite que ne saurait franchir la production du sol français, il y aurait lieu de désespérer de la fortune de la France. Mais c'est le contraire, à nos yeux, qui est la vérité, et rien, absolument rien, n'autorise à penser qu'à l'aide des moyens pratiqués chez nos voisins, Anglais ou Allemands, nous n'arrivions à accroître, comme ils l'ont fait, les rendements dans des proportions considérables. N'oublions pas que, si souhaitables qu'ils soient, des rendements de 30 à 40 hectolitres ne sont pas absolument indispensables à la prospérité de l'agriculture française et au maintien du prix du pain dans des limites favorables au consommateur. Le point important est d'arriver à un rendement moyen qui nous permette de ne pas être tributaires de l'étranger et à abaisser le prix de revient du blé assez pour en rendre la culture rémunératrice.

Le jour où nous arriverons à une production moyenne de 20 hectolitres à l'hectare, ce qui laissera encore nos rendements, de près de 8 hectolitres par hectare, inférieurs à ceux de l'Angleterre depuis soixante ans, nous serons exportateurs de 25 à 30 millions d'hectolitres par an. De plus, un rendement moyen de 20 hectolitres à l'hectare abaisserait singulièrement les prix de revient. En effet, par suite de sa répartition fort inégale sur la surface du territoire, une augmentation moyenne de 5 hectolitres 1/2 à l'hectare correspondrait, à en juger par le produit actuel si variable d'une région de la France à l'autre, à des rendements de 25 à 30 hectolitres et au delà, pour nombre de départements à sol richement fumé et bien cultivé, et de 10 à 15 hectolitres pour les régions pauvres, où le capital engagé à l'hectare est relativement très faible.

Dans une bonne année moyenne, comme 1880, par exemple, où le rendement, rapporté à toute la France, a été de 14 hectol. 48 à l'hectare, on constate les extrêmes suivants :

Drôme et Dordogne, 7 hectolitres à l'hectare;

Seine, 28 hectol. 95 à l'hectare.

Dans cette année, la récolte s'est répartie comme suit :

9 départements ont eu une récolte inférieure à 10 hectolitres (minimum, Creuse 4 hectol. 76);

39 départements, récolte comprise entre 10 et 15 hectolitres ;

25 départements, récolte comprise entre 15 et 20 hectolitres ;

14 départements, une récolte supérieure à 20 hectolitres (maximum, Seine-et-Oise 29 hectol. 36).

Est-ce trop espérer que de compter dans l'avenir sur un rendement moyen de 20 hectolitres à l'hectare? Quels sont les moyens de l'atteindre ? C'est ce qu'il nous faut maintenant examiner.

Une seule réforme, il est facile de s'en convaincre, celle du mode d'épandage de la graine au moment de la semaille, pourrait *du jour au lendemain* combler le déficit de 1 hectolitre et demi que nous avons constaté pour la période de 1871-1880. Je resterai au-dessous de la vérité en admettant une consommation de 220 litres de blé à l'hectare pour l'emblavure. Dans les terres fortes, il n'est pas rare d'en voir employer jusqu'à 280 litres et 300 litres. Cette semence, répartie plus ou moins également sur le sol, suivant l'habileté du semeur qui se perd chaque jour davantage, occasionne d'abord une dépense assez considérable : de plus, par suite de l'inégalité de la répartition du grain à la surface du champ, la semaille à la volée rend tout à fait impossible le nettoyage des blés à l'aide d'instruments à cheval. Les mauvaises herbes envahissent le champ, se nourrissent aux dépens de la récolte et, finalement, on a, avec la semaille à la volée, dans un très grand nombre de cas, le double inconvénient d'une consommation considérable de semence et d'un abaissement notable de rendement, sans compter celui qui résulte d'un défaut de circulation de l'air entre les pieds de blé. Enfin, la présence, en quantité parfois énorme, de mauvaises herbes dans nos champs de céréales appauvrit pour les années suivantes le sol qui les a produites, alors même qu'enfouies dans la terre, après la récolte du blé, ces mauvaises herbes sembleraient devoir rendre à celle-ci ce qu'elles lui ont emprunté.

La restitution qui s'opère dans ce cas est très imparfaite ; MM. Lawes et Gilbert, qui ont étudié expérimentalement cette question très importante pour le praticien, en ont donné une explication tout à fait vraie, je crois.

Les mauvaises herbes, comme le blé, empruntent leur azote à l'ammoniaque et à l'acide nitrique contenus dans le sol ; à leur aide, elles fabriquent les substances albuminoïdes de leurs tissus. Quand la plante meurt et qu'on l'enfouit par le labour, on restitue bien l'azote qu'elle a pris, mais on le restitue sous une forme qui n'est pas assimilable immédiatement (albumine, etc.), et c'est seulement après une nouvelle nitrification que cet azote redeviendra un aliment pour les plantes. La semaille en ligne, permettant d'espacer les rangées de blé de 20 à 25 centimètres, rend possible l'accès de la houe à cheval, instrument qui détruit les mauvaises herbes dès qu'elles paraissent, au grand profit du rendement et du maintien de la fertilité du sol.

Mais revenons au déficit de 1 hectol. 50 par hectare qui, de 1871 à 1880, a nécessité l'importation annuelle de plus de dix millions d'hectolitres de blé en France, et voyons quelles modifications il subirait par la substitution de la semaille en ligne à la semaille à la volée.

Si l'on admet, avec toute vraisemblance je crois, une moyenne de 220 litres de semence à l'hectare pour la semaille à la volée, le poids de l'hectolitre de semence ayant été de 76 kilogr. (de 1871 à 1880) et le rendement moyen de 10 q. m. 91 (14 hectol. 38), on voit qu'on a employé 167^k,20 pour obtenir 10 q. m. 91 de blé. La semence a donc rendu, en moyenne, *six fois et demie* environ son poids de blé. — Appliqué à la récolte de 1884, qui a donné à l'hectare 12 q. m. 16 de blé pesant 76^k,3 à l'hectolitre, le calcul précédent montre qu'on a employé 167^k,86 de semence à l'hectare et que cette dernière a produit *sept fois un quart* son poids de blé.

Avec le semoir, on peut réaliser une économie de semence d'au moins 70 litres et pouvant atteindre, comme je vais le montrer, jusqu'à 125 litres à l'hectare. Admettons le minimum de 70 litres, cela abaissera la quantité nécessaire pour l'emblavure de la France de 220 litres à 150 litres à l'hectare, soit une économie de semence de 4,830,000 hectolitres pour l'emblavure de nos 6,900,000 hectares. Le rendement en blé par rapport à la semence sera alors dans le rapport de 114^k,4, poids des 150 litres de semence (à 76^k,3 l'hectolitre) à 12 q. m. 16 (rendement moyen en 1884). On récoltera dix fois et deux tiers (10.63) la semence. L'économie de semence se traduira encore par un abaissement de 1 fr. 50 au moins par quintal de blé produit. Le déficit, par hectare, ayant été 1 hectolitre 1/2, pour couvrir notre consommation, dans la période 1871-1880, la substitution du semoir en ligne à la semaille à la volée le réduirait, par la seule économie de semence, à 80 litres. Mais je ne crains pas de l'affirmer, dès la première année d'introduction du semoir dans toutes les cultures de blé de la France, non seulement le déficit de 1 hectol. 50 par hectare serait comblé, mais le rendement de nos terres augmenterait dans des proportions très sensibles.

Aux cultivateurs qui seraient tentés de taxer d'exagération les conclusions auxquelles j'arrive, je demanderai de vouloir bien me suivre un instant dans l'examen des résultats que la semaille en ligne a donnés dans nos champs d'expériences de l'École Mathieu de Dombasle. Les treize variétés de blé dont j'ai fait connaître les rendements [1] ont été semées en ligne avec des quantités de semence qui ont varié de 75 à 160 kilogr. à l'hectare. Le rendement maximum a été obtenu avec le blé Lamed, semé à 75 kilogr. (94 lit. 5); le rendement minimum, avec le blé de Chiddam, semé à 150 kilogr. La nature de la semence a été la cause dominante des écarts constatés, mais la semaille en ligne a été incontestablement l'un des facteurs prépondérants des rendements élevés obtenus dans les expériences. Les quantités de semences employées par M. Thiry, sur ces treize parcelles, ont donc varié de 85 kilogr. dans les parcelles extrêmes et de 125 litres au moins comparativement à l'emblavure de la France. Le rapport de la semence à la récolte a présenté sur les rendements dont j'ai parlé tout à l'heure des augmentations dignes d'être signalées. Je réunis, dans le tableau suivant, les poids et le volume des semences employées à l'hectare, les rendements en quintaux et les rapports de la semence à la récolte, pour nos treize variétés de blé :

	POIDS de l'hectolitre.	POIDS semé à l'hectare.	NOMBRE de litres de semence.	NOMBRE de quintaux récoltés à l'hectare.	RAPPORT du poids de la semence au poids de la récolte.
	Kilogr.	Kilogr.	Litres.	Q. m.	
1. Blé Chiddam	80 »	150	187,5	14,73	1 à 9,83
2. Blé Aleph	79 »	100	126,5	16 »	1 à 16 »
3. Blé White Victoria. .	78,7	150	190,5	17,87	1 à 11,9
4. Blé de Haie	80,8	150	185,6	18,80	1 à 12,53

1. Voir page 15.

	POIDS de l'hec-tolitre.	POIDS semé à l'hectare.	NOMBRE de litres de semence.	NOMBRE de quintaux récoltés à l'hectare.	RAPPORT du poids de la semence au poids de la récolte.
	—	—	—	—	—
	Kilogr.	Kilogr.	Litres.	Q. m.	
5. Blé Galand.	77,2	160	206,2	18,93	1 à 11,83
6. Blé Poulard lisse . .	77,5	160	206,4	19,20	1 à 12 »
7. Blé Dattel	78,4	100	127,5	20 »	1 à 20 »
8. Blé Golden Dropp . .	81,6	150	183,8	20,30	1 à 13,5
9. Blé Hunter Whist . .	78 »	150	192,3	21,80	1 à 14,5
10. Blé blond de Flandre.	80,4	160	199 »	23,80	1 à 14,87
11. Blé d'Australie . . .	79,7	150	188,3	23,93	1 à 15,93
12. Blé Blood Red . . .	81,7	150	183,5	28 »	1 à 18,66
13. Blé Lamed.	79,4	75	94,5	29,79	1 à 39,70

Suivant les quantités plus ou moins considérables de semence employées à la semaille, les rendements en blé, par rapport au poids de la semence, ont présenté, en moyenne, les écarts suivants :

Semaille à 160 kilogr. (parcelles 5, 6 et 10) : Récolte = 12.9 fois la semence.
Semaille à 150 kilogr. (parcelles 1, 3, 4, 8, 9, 11 et 12) : Récolte = 13.83 fois la semence.
Semaille à 100 kilogr. (parcelles 2 et 7) : Récolte = 18 fois la semence.
Semaille à 75 kilogr. (parcelle 13) : Récolte = 39.7 fois la semence.

Il est à noter que le rendement maximum (Lamed 29 q. m. 79) a coïncidé avec la moindre quantité de semence employée.

Nous avons donc, dans au moins dix parcelles, employé une quantité de semence très supérieure à celle qui était nécessaire pour obtenir une pleine récolte ; on voit, par là, toute la supériorité de la semaille en ligne sur la semaille à la volée. Si l'on arrivait, en moyenne, à n'employer plus que 100 kilogr., soit 130 litres environ à l'hectare, pour l'emblavure de nos 6.900.000 hectares, on réaliserait une économie de 90 à 100 litres de semence par hectare, et le déficit de 1 hectol. 50 se trouverait réduit, de ce chef seulement, à 50 ou 60 litres. Personne, je crois, ne pourrait contester, avec quelque vraisemblance, que les autres avantages de la culture en ligne ne se chargent de combler cette minime insuffisance dans nos rendements. Il ressort de ces faits si intéressants qu'à elle seule, l'extension de la culture en ligne à toute la surface emblavée, avec les semences actuellement employées, sans augmentation de la fumure, supprimerait, *pour les mauvaises périodes de récoltes,* comme celle de 1871 à 1880, toute nécessité d'importation du froment.

Que dire alors des avantages qui ressortiraient pour l'agriculture d'un choix de semences de bonne qualité, d'une fumure mieux appropriée et plus abondante, venant s'ajouter à cette réforme dans le mode de semaille? Si l'on ne peut chiffrer, *à priori,* l'accroissement que l'agriculture nationale doit légitimement attendre de cet ensemble de mesures, on est en droit, il me le semble du moins, d'affirmer hautement qu'il serait considérable.

Choix de semence, augmentation de fumure, application raisonnée d'engrais chimiques, extension de la semaille en ligne : tels sont les progrès qui s'imposent avant tout pour que la culture des céréales, d'onéreuse qu'elle est sur bien des points, devienne rémunératrice dans notre pays.

La réalisation de ces trois conditions fondamentales : meilleures semences, meilleur outillage, meilleure fumure, exige une réforme profonde des habitudes et des allures de l'agriculture française, à commencer par la réduction très notable de la surface emblavée, qu'il faut borner aux sols à blé de bonne qualité. Cette réforme n'est possible que si les intéressés d'abord, propriétaires et fermiers, l'État ensuite, consentent résolument à unir leurs efforts en vue de sa réalisation.

L'examen du rôle de chacun, dans cette réforme, est le complément nécessaire de cette étude. Il est de l'essence des questions de l'ordre de celle de la production du sol et des moyens de l'accroître de ne pouvoir être abordées utilement qu'avec des chiffres. Cette nécessité sera mon excuse auprès de mes lecteurs pour la forme aride que je n'ai su éviter, désireux avant tout d'être clair et précis.

VII

Progrès à réaliser. — Réformes à accomplir.

La double conclusion qui s'impose lorsqu'on examine sans parti pris, comme nous venons de le faire, la situation présente de la culture du blé en France et son avenir est, d'une part, la possibilité d'augmenter considérablement le rendement de la terre, de l'autre, la nécessité absolue de chercher dans cet accroissement, par un abaissement du prix de revient, les moyens de salut que ne saurait amener l'élévation des tarifs douaniers.

Il nous paraît certain que si les deux catégories d'agriculteurs français le plus directement intéressés à accroître le rendement du sol, le propriétaire foncier et l'exploitant de fermes d'une certaine étendue, veulent résolûment entrer, pour toutes leurs cultures, dans la voie qu'indiquent les conclusions auxquelles nous sommes arrivés pour le blé, l'avenir leur réserve une ample rémunération de leurs capitaux et des peines qu'ils auront prises. Reste à examiner si la chose, possible à coup sûr, est facile à réaliser, étant donné l'état des mœurs et des esprits des propriétaires et des fermiers de notre pays. Quels doivent être, d'autre part, le rôle et l'intervention de l'État dans les réformes profondes nécessitées de divers côtés par la poursuite de ce but capital : *accroître les rendements dans des conditions économiques ?* Tel est l'ordre des questions complexes et délicates autant qu'importantes que je voudrais au moins effleurer en manière de conclusion.

L'Angleterre, si différente de la France par les rendements de son sol, ne s'en distingue pas moins par deux conditions capitales pour le succès des entreprises agricoles : l'esprit du propriétaire foncier, le caractère de ses rapports avec le fermier et l'instruction technique de celui-ci. Quiconque a visité les exploitations anglaises et lié quelques relations avec les propriétaires et les cultivateurs d'outre-Manche a été frappé des divergences profondes des deux nations sous ce rapport. Chez nous, trop de propriétaires, ignorants des choses de l'agriculture, afferment la terre comme ils louent une maison. Ils cherchent, autant que possible, un fermier solvable, le voient deux fois par an pour recevoir le prix du fermage, maugréent le plus souvent lorsqu'il réclame d'eux quelques réparations dans les bâtiments de la ferme et bornent leurs relations avec lui au règlement des termes. Incapable, la plupart du temps, faute de connaissances spéciales, de guider son fermier dans la voie des améliorations, trop souvent peu disposé à donner aux bâtiments d'exploitation l'extension indispensable pour loger un bétail suffisant, les instruments, les récoltes, etc., le propriétaire français se désintéresse, par le fait même, de la marche des affaires du fermier, pourvu que celui-ci acquitte régulièrement le prix de la location.

De son côté, le fermier manque, dans un trop grand nombre de cas, de l'instruction première indispensable pour acquérir plus tard les notions précises des sciences auxquelles l'agriculture doit ses progrès réels. Dédaigneux de la théorie, comme il la nomme, c'est-à-dire des connaissances positives dont la *pratique* n'est en fait que l'application plus ou moins judicieuse, il suit fatalement les errements de ses pères, sans paraître se douter des changements profonds que le progrès général a introduits dans la société moderne. Plus ou moins laborieux, actif et sobre, suivant la proximité ou l'éloignement des villes, il a trop rarement l'idée du rôle que l'industrie doit jouer dans l'exploitation du sol, sous peine de condamner celle-ci à cesser d'être rémunératrice.

Pour beaucoup de nos fermiers, le propriétaire n'est, à son tour, que l'homme auquel il doit, deux fois par an, verser de l'argent péniblement gagné, envers lequel il est généralement méfiant et dont il ne suivrait pas volontiers les conseils, fussent-ils compétents, estimant qu'il ne saurait y avoir de cultivateur, dans le vrai sens du mot, que celui qui tient les mancherons de la charrue. Indifférence de l'un vis-à-vis de l'autre, quand il n'y a pas antagonisme, telle est, en deux mots, beaucoup trop fréquemment, la situation respective du propriétaire et du fermier français. Nos mœurs changeront-elles à cet égard? C'est bien à souhaiter pour le plus grand profit de tous.

Cette méconnaissance des véritables liens qui devraient unir propriétaires et fermiers tient en grande partie au défaut d'instruction de tous. Si les jeunes gens appelés, par leur situation de famille, à détenir la propriété foncière, recevaient une éducation qui les initiât aux conditions fondamentales de la bonne gestion de la terre, cette éducation ne leur laissât-elle que la conviction raisonnée de la part qui revient au capital dans l'accroissement de la fécondité du sol, le fermier les trouverait plus disposés aux améliorations foncières, mieux préparés à s'associer à ses efforts, en l'aidant par leur crédit dans les entreprises d'élevage du bétail, de drainage, de fumure, etc.

D'autre part, si le cultivateur, consentant plus souvent un sacrifice, très grand je le reconnais, renonçait pendant quelques années au concours que son fils peut lui prêter, et l'envoyait dans une école d'agriculture apprendre, plus heureux que son père, les choses qu'on n'enseignait pas autrefois et dont la connaissance est la base de tout progrès agricole, nul doute qu'il ne soit payé au décuple de la privation momentanée qu'il se serait imposée. L'exemple de la Grande-Bretagne est là pour nous montrer ce que peut produire l'association morale du propriétaire et du tenancier, jointe à des connaissances générales et techniques des deux parties. Des baux longs, une entente cordiale du propriétaire et du fermier, dont les intérêts sont éminemment solidaires, plus d'instruction de part et d'autre, tel serait le premier des progrès à réaliser chez nous [1].

L'Institut national agronomique pour les fils des propriétaires et des exploitants des grandes fermes, les écoles régionales et les écoles pratiques d'agriculture pour les autres, largement dotées de bourses par l'État et par les départements, accessibles à tous, par conséquent, offrent dès à présent des ressources d'instruction que le Gouvernement sera tout disposé à accroître lorsque le Parlement lui votera les subsides nécessaires. Ces subsides paraîtront toujours bien modestes, quels qu'ils soient, si l'on tient compte du nombre des citoyens intéressés à l'extension de l'enseignement agricole, à tous ses degrés, sur le territoire français. Mais la transformation des

---

1. Ces lignes étaient écrites lorsque j'ai eu communication du remarquable rapport sur la situation de l'agriculture du département de l'Aisne, que M. E. Risler, directeur de l'Institut national agronomique, vient de publier. Dans ce travail, plein d'observations précieuses, l'auteur constate un fait qui corrobore pleinement ce que je viens de dire de la nécessité de modifier au plus tôt les rapports de propriétaire à fermier. Dans le paragraphe qu'il consacre aux devoirs des propriétaires *fonciers*, M. Risler insiste sur ce fait que la crise agricole est peu sensible dans les pays à métayage, c'est-à-dire dans ceux où le propriétaire fournit assez de capital pour améliorer et bien exploiter les terres, où il donne à la culture une direction à la fois intelligente et bienveillante pour le métayer. La crise n'existe pas davantage dans les pays de petite culture, où le propriétaire est en même temps fermier et ouvrier, et où, par conséquent, les trois agents de la production agricole, *sol, capital* et *travail,* sont réunis dans la même personne. La crise, ajoute-t-il, existe surtout dans des pays à fermage et particulièrement dans des pays à grandes fermes et à culture intensive, parce que c'est dans ces pays que les fermiers riches et instruits sont le plus indispensables.

mœurs, l'éducation de générations nouvelles demandant des années, n'étant point affaire d'un jour, l'agriculture n'a pas le temps d'attendre ; il lui faut des remèdes prompts, pour ainsi dire instantanés. De là vient cette ardeur, plus ou moins raisonnée, qui la pousse à demander la promulgation de mesures fiscales dont l'application peut avoir lieu du jour au lendemain. Il est indispensable d'aller vite dans la voie de la médication, de peur que les forces du malade ne diminuent au point de rendre les remèdes inefficaces pour sa guérison.

Comme dans toutes les affections qui menacent de devenir chroniques, nous sommes en présence d'une situation où la médication, si énergique qu'elle soit, exige un certain temps pour produire son effet. De plus, le mal tenant, non à une cause unique, mais à un ensemble de conditions plus ou moins fâcheuses dont il est la résultante, il n'est pas possible de lui appliquer un remède unique. Il faut envisager courageusement le mal sous ses diverses faces et chercher les moyens de l'atteindre simultanément de différents côtés. En ce qui concerne le blé, la première réforme doit consister à réduire très notablement, à l'exemple déjà ancien de l'Angleterre, la surface emblavée. Seuls, les sols à blé proprement dits, c'est-à-dire les terres présentant un ensemble de conditions physico-chimiques, bien connues des agriculteurs, qui les rendent éminemment propres à la culture des céréales, doivent continuer à être cultivées en froment. Sur ces terres, il serait très facile d'arriver promptement à une forte augmentation des rendements moyens. La conséquence forcée de cette réduction serait la radiation immédiate de la clause anti-progressiste insérée dans presque tous les baux de l'Est de la France, clause consistant dans l'obligation pour le fermier de maintenir l'assolement triennal, plus ou moins pur, sur la terre qu'il prend à bail. Cette convention l'oblige à maintenir la culture des céréales sur un tiers de la ferme. Rien de prime abord ne semble plus facile que de supprimer, par l'accord des deux parties, une obligation si contraire à la liberté du fermier d'abord, à l'exploitation fructueuse du sol ensuite, et, finalement, à l'intérêt des contractants.

Dans l'état de la législation, avec les habitudes invétérées de nos populations rurales, cette modification est cependant à peu près impossible dans le plus grand nombre des cas. La raison de cette impossibilité gît en partie dans l'absence de chemins d'exploitation, conséquence fatale de l'extrême division de la propriété. Un fermier et un propriétaire intelligents, résolus à abandonner un système qui laisse sans récolte, une année sur trois, le sol exploité et qui oblige le preneur à mettre en blé tous les trois ans une terre qui ne convient pas à cette culture, ne peuvent pas, dans l'état actuel, réaliser la grande amélioration résultant de la suppression de ce contrat barbare. Ce propriétaire et ce fermier se heurtent à l'impossibilité matérielle de faire des plantes sarclées dans une parcelle enclavée de toutes parts dans des champs de froment.

Il faut que le Parlement mette promptement fin à une situation qui remonte à Charlemagne et rende, par une loi dont nous examinons plus loin les dispositions générales, la liberté d'action au cultivateur. La réunion des parcelles avec création de chemins d'exploitation, l'exemple de l'Allemagne est là pour en attester l'influence sur le progrès agricole, est une des premières mesures qui s'imposent à l'examen des Chambres. Nous y reviendrons en traitant de l'ensemble des mesures législatives de nature à améliorer les conditions de la culture dans notre pays. Mais allons au plus pressé, et, en attendant que nos lois soient modifiées, que nos propriétaires et nos fermiers s'instruisent mieux qu'ils ne le sont des applications si fécondes de la science à l'agriculture, voyons par quel concours direct les institutions existantes peuvent, sous l'impulsion du ministère de l'agriculture, suppléer, dès à présent, à l'insuffisance des connaissances des cultivateurs et aux lacunes de la législation.

Augmenter considérablement les rendements : tel doit être dès à présent notre principal objectif. Nous avons vu que, indépendamment des autres progrès à réaliser pour l'atteindre, trois moyens d'action certains, efficaces d'une année à l'autre, c'est-à-dire immédiatement, doivent être mis en jeu, savoir : choix de semences, semailles en ligne, fumures plus abondantes et convenablement adaptées au blé. Le point difficile est de porter à la connaissance des intéressés l'efficacité de ces moyens, de faire toucher et voir au plus grand nombre possible de nos cultivateurs les résultats indiscutables de cette triple amélioration dans nos procédés de culture. On m'accordera, en effet, que si d'un coup de baguette, comme au pays des fées, nous pouvions convaincre tous les propriétaires et fermiers des avantages énumérés et discutés dans cette étude, leur intérêt l'emportant sur la routine, la réforme serait promptement accomplie. A défaut de baguette magique, nous possédons des institutions auxquelles incombe la tâche d'entreprendre des expériences, d'en coordonner les résultats et de guider les agriculteurs soucieux de progrès, dans leurs propres essais.

Les Stations agronomiques, importées dans notre pays en 1868, poursuivent sur une échelle beaucoup plus modeste des recherches analogues à celles de Rothamsted, mais, en revanche, elles sont à la disposition des agriculteurs de leur région, ce qui ne peut être le cas d'un établissement privé, pour l'analyse et le contrôle des engrais commerciaux, l'examen des sols et des produits de toute nature récoltés sur les exploitations rurales. C'est ici que l'État peut rendre un service direct à l'agriculture. Que le Parlement mette à la disposition du ministre de l'agriculture un crédit suffisant (nous verrons que la dépense sera bien minime eu égard aux résultats qu'elle peut amener), et, dès le printemps prochain, il peut être organisé, sur un très grand nombre de points du territoire, des essais de semailles, de fumure et de rendement des céréales d'été, des betteraves, des pommes de terre, etc..., pour servir de démonstration et d'enseignement. A l'automne, des expériences du même genre seraient entreprises sur le blé et le seigle. Ces essais, poursuivis régulièrement d'année en année, devraient recevoir la plus grande publicité ; certaines parcelles de terre pourraient être consacrées à la reproduction de semences des meilleures variétés, semences qui, mises à la disposition des cultivateurs de la région, modifieraient, dans un court espace de temps, les rendements de la région dans de larges limites. D'autres champs serviraient à l'essai des instruments perfectionnés, etc.

Les associations agricoles et les propriétaires des environs trouveraient, dans le champ d'expériences de la Station, des modèles d'installation dont ils profiteraient bientôt ; le directeur de la Station leur fournirait toutes les indications nécessaires pour multiplier sur les domaines privés les expériences exécutées à la Station agronomique.

Avec le concours du professeur départemental d'agriculture, avec l'aide moral et pécuniaire des associations agricoles, les Stations agronomiques pourvues des subventions nécessaires peuvent, à bref délai, exercer localement la plus notable influence sur l'amélioration de notre agriculture.

Le sujet mérite, je le crois, d'attirer l'attention de tous, législateurs, administrateurs départementaux, associations agricoles, propriétaires et cultivateurs. Aussi nos lecteurs nous permettront-ils d'entrer dans quelques détails sur l'organisation, le but et les moyens d'action des Stations agronomiques, afin de préciser le rôle salutaire que cette institution est appelée, si on lui en fournit les moyens, à jouer dans la crise douloureuse que nous subissons.

VIII

Les Stations agronomiques et la crise agricole. — Organisation d'expériences de culture et de fumure. — Création de syndicats pour achat d'engrais, de semences, d'instruments, etc...

Au mois de juin 1881, lors de la réception à l'Élysée des directeurs des Stations agronomiques françaises et étrangères, réunis à Paris, en congrès international, M. le Président de la République, après avoir fait aux membres du congrès le plus gracieux accueil, résuma dans une très heureuse expression, le but que nous poursuivons. « La grande question, nous dit-il, la plus grande de toutes celles qui appellent la sollicitude des pouvoirs publics, *c'est l'accroissement de la production du sol*[1]. » C'est là, en effet, la devise des Stations agronomiques. L'avenir de l'agriculture est tout entier lié à la réalisation de ce programme : accroissement des rendements du sol, et, conséquemment, augmentation du bétail. La science seule peut tracer au praticien les voies et moyens à l'aide desquels il atteindra ce but, grand entre tous, puisque de la solution du problème dépend, au premier chef, la prospérité nationale.

---

1. *Comptes rendus des travaux du congrès international des directeurs des stations agronomiques* ; in-8°, Berger-Levrault et Cie, 1881.

Les Stations agronomiques sont l'intermédiaire naturel de la science et de la pratique : ce sont elles qui, s'appuyant sur des expériences faites avec la rigueur que les hommes exercés à l'application des méthodes scientifiques à l'étude des phénomènes naturels peuvent seuls conduire à bien, éclairent le cultivateur, lui indiquent les essais à tenter, les réformes à faire, les procédés à suivre pour accroître la fécondité de ses terres, les méthodes à appliquer à l'élevage et à l'alimentation du bétail. Aux Stations agronomiques est dévolue une tâche des plus fécondes pour l'accroissement de la richesse publique d'un pays, et les gouvernements soucieux des intérêts de l'agriculture ne sauraient aider, dans une trop large mesure, au développement et aux travaux de ces établissements d'intérêt public, s'il en est. Quelle que soit la libéralité de l'État envers les Stations agronomiques, les sommes consacrées à leur entretien seront couvertes mille fois par les progrès résultant de leur influence sur l'agriculture.

La science expérimentale, c'est-à-dire l'application à l'étude des phénomènes naturels des méthodes et des procédés qui ont fondé la chimie, la physique et la physiologie, est seule capable désormais de servir de guide au praticien, de lui expliquer les causes de ses succès et de ses revers, de le conduire, en un mot, par un chemin sûr, au but qu'il ne saurait perdre de vue : *la production à bon marché des aliments de l'homme.*

Comment sont nées les Stations agronomiques? Lavoisier eut le premier l'idée d'introduire dans l'agriculture la rigueur des méthodes scientifiques qui ont fait l'industrie moderne ce qu'elle est. Il avait institué, dans une de ses fermes du Perche, un ensemble d'expériences qui, sans la main du bourreau, eût avancé d'un demi-siècle les progrès de l'agriculture moderne.

Cinquante années plus tard, la conception de Lavoisier fut réalisée presque simultanément par M. Boussingault, à Bechelbronn (Alsace), et par sir J. B. Lawes, à Rothamsted. Dans ces deux exploitations, à jamais célèbres dans les annales agricoles, ont été posés, poursuivis sans relâche jusqu'à l'heure actuelle en Angleterre, et résolus, sur nombre de points importants, les problèmes que soulève la nutrition des plantes et des animaux.

Aux fermes expérimentales de Bechelbronn et de Rothamsted, leurs illustres propriétaires ont joint des laboratoires permettant de suivre, jour par jour, la balance à la main, les admirables procédés que la nature met en jeu pour transformer la substance minérale en matière vivante.

Propriété individuelle des savants éminents que je viens de nommer, les installations de Bechelbronn et de Rothamsted, soutenues exclusivement des deniers de leurs fondateurs, ne demandaient à personne, État, association, agriculteurs, le moindre subside. Ce sont des institutions entièrement privées, n'ayant avec le public d'autres rapports que la divulgation, absolument désintéressée, des découvertes dont elles ont été le but et le moyen.

Lorsqu'en 1841, J. de Liebig imprima à la science agricole, par la publication de son œuvre magistrale, l'impulsion la plus féconde qu'elle eût encore reçue, on comprit que l'avenir de l'agriculture moderne était tout entier dans l'application, à cette branche capitale de l'activité humaine, des méthodes qui ont fait des développements merveilleux des sciences physico-chimiques la caractéristique de notre siècle. Il ne suffisait plus, on commençait à le sentir, que l'expérimentation appliquée à l'agriculture restât confinée dans le domaine privé de quelques savants, si éminents qu'ils fussent. Il fallait admettre les cultivateurs à suivre les expériences sur la production agricole; il n'importait pas moins que la création de laboratoires spéciaux leur permît de faire étudier, par les hommes compétents, les questions de chimie et de physiologie que soulèvent la culture des végétaux et l'économie du bétail. De ce jour, les Stations agronomiques proprement dites étaient fondées.

Dans un petit bourg de la Saxe, à Mœckern, MM. Crusius de Sahlis et E. Wolff créaient, en 1852, à l'instigation du professeur Stöckhardt, une institution empruntant à Bechelbronn et à Rothamsted l'idée directrice de Boussingault et de J. Lawes, et, joignant en outre, aux laboratoires et aux champs d'expériences destinés à des recherches privées, des installations permettant de faire, pour le compte des agriculteurs de leur région, moyennant rétribution, des essais de cultures et des analyses de fourrage, d'engrais, de récoltes, etc... Un chimiste français dont on ne saurait, sans injustice, omettre le nom dans l'historique des institutions agricoles contemporaines, M. A. Bobierre, frappé des falsifications éhontées et si préjudiciables aux intérêts du cultivateur, dont les engrais artificiels étaient l'objet, créait à Nantes, à la même époque, un laboratoire public pour l'analyse des matières fertilisantes.

La Station agronomique, telle qu'il faut l'entendre, telle qu'elle doit être organisée pour justifier cette dénomination, est la réunion de champs ou d'étables d'expériences à un laboratoire ouvert au public. C'est une réduction de Rothamsted ou de Bechelbronn, augmentée d'un laboratoire d'analyse comme celui de Nantes.

L'exemple de Mœckern fut bientôt imité ; le nombre chaque année croissant des Stations agronomiques, leur propagation à travers l'Europe, leur création récente aux États-Unis d'Amérique, sont la meilleure preuve des services indiscutables que cette institution rend à l'agriculture. L'Allemagne et l'Autriche-Hongrie ne comptent pas moins de 80 Stations agronomiques et forestières subventionnées par l'État, affectées à l'étude expérimentale de la production des végétaux et des animaux, à la sériciculture, à l'œnologie, à la viticulture, au contrôle des semences, à l'essai des instruments agricoles, etc., l'expérience ayant bientôt montré la nécessité de spécialiser les centres d'études suivant les besoins des diverses régions.

En 1867, dans l'une des nombreuses visites où j'eus, en qualité de membre du jury, l'honneur de guider dans les galeries de l'Exposition les savants étrangers, J. de Liebig m'arrêta un jour devant une vitrine où étaient réunies quelques-unes des publications des directeurs des Stations allemandes. Il attira notamment mon attention sur des spécimens extrêmement intéressants des recherches entreprises à la station de Dahme, par M. Hellriegel, sur la culture de divers végétaux dans des sols artificiels. Puis, avec la clarté qui était un des traits saillants de ce grand esprit, il me fit, en marchant, une sorte de conférence sur les services considérables rendus, depuis 1852, à l'agriculture allemande par les Stations agronomiques.

En manière de conclusion, il m'engagea à venir étudier sur place cette institution et à l'importer en France avec les modifications que comporterait la différence d'esprit et de mœurs des deux pays. Quelques mois après, l'éminent ministre de l'instruction publique auquel l'Université doit de si grands progrès, M. V. Duruy, m'envoyait en Allemagne avec la mission d'étudier l'organisation et le fonctionnement des Stations. Au retour, par une innovation qui contrastait avec les allures traditionnelles du haut enseignement universitaire, j'étais chargé par M. V. Duruy de la création, à la Faculté des sciences de Nancy, d'un cours spécial de chimie et de physiologie appliquées à l'agriculture.

En janvier 1868, je fondais, en même temps que cet enseignement, la première Station agronomique française, dans l'acception exacte du terme. Depuis cette époque, je n'ai cessé de provoquer le développement de cette institution; il s'est créé en France, avec le concours de l'État, des départements, des associations agricoles et des particuliers, un certain nombre de laboratoires comme celui de Nantes et de Stations agronomiques plus ou moins complètement installées (vingt-deux laboratoires et Stations). Le moment est venu de régulariser l'organisation de cette utile institution et d'en tirer grand profit pour les essais de culture sur les différents points du territoire.

L'exemple de la France devait être promptement suivi : en 1871, M. A. Petermann, mon collaborateur dévoué de la première heure, quitta la Station agronomique de l'Est, pour aller fonder à Gembloux la première Station belge. La Belgique compte aujourd'hui cinq établissements de ce genre. En 1876, j'étais prié par le conseil général de la Guadeloupe d'organiser une Station agronomique à la Pointe-à-Pitre pour l'étude de la culture de la canne à sucre, et, sur ma proposition, un de mes élèves, M. Ph. Bonâme, était appelé à la direction de cet établissement, qu'il a conservée jusqu'à ce jour. Entraînée par l'impulsion si active et si dévouée que, depuis 1870, M. Miraglia, directeur de l'agriculture à Rome, et M. le professeur Cossa, de Turin, ont imprimée à l'importation dans leur pays de cette institution, l'Italie possède près de vingt stations. L'Angleterre, l'Écosse, la Russie, la Norvège, la Suède et le Danemark suivent la même voie progressiste; en Espagne, la question est à l'étude, sous la direction du savant professeur R. de Luna; les États-Unis d'Amérique, le Canada, le Brésil, sont dotés d'un certain nombre de Stations. En un mot, toutes les nations civilisées comprennent le rôle important de la science, le concours indispensable qu'elle doit apporter aux praticiens pour l'amélioration de l'industrie agricole, la plus féconde de toutes, lorsque l'instruction et le capital en deviendront résolûment le guide et le soutien.

Grâce à l'organisation sur le territoire français des laboratoires et des Stations que nous possédons actuellement, et à l'aide de quelques créations nouvelles dont nous demandons instamment au Parlement d'assurer l'existence par un subside, le ministère de l'agriculture peut être en mesure, dès le printemps prochain, d'instituer des essais méthodiques de fumure, de semailles et de culture dans toutes les régions de la France, et de guider les propriétaires désireux d'entreprendre eux-mêmes des améliorations, dans le choix des fumures et des semences, dans la disposition des champs d'expériences, etc... Dès aujourd'hui, la Station spéciale de contrôle des semences, fondée l'an dernier à Paris par l'Institut national agronomique et dirigée par M. Schribaux, offre aux cultivateurs le moyen de se renseigner sur la pureté et la valeur germinative des graines que leur livre le commerce.

Les Stations agronomiques, indépendamment des recherches scientifiques, dont les résultats si précieux pour la pratique ne peuvent être obtenus qu'avec le temps, doivent rendre aux cultivateurs les services immédiats suivants :

1° Les garantir, par le contrôle et l'analyse des engrais commerciaux, contre la fraude, si préjudiciable à la bourse des cultivateurs et à la propagation de l'emploi des fumures artificielles, tout à fait compromis parfois par la sophistication de ces engrais ;

2° Mettre sous leurs yeux les expériences comparatives de rendement d'un sol diversement fumé, à l'aide de champs d'essais, organisés à la Station même, et, sous sa direction, dans les domaines des cultivateurs de la région ;

3° Démontrer, également à l'aide des champs d'expériences, le choix à faire, dans les diverses semences, d'une même espèce ou variété végétale, au point de vue du rendement, par rapport à la quantité de semence employée. Ces deux ordres d'expérimentation doivent être entrepris d'après un plan tracé par une commission spéciale des Stations agronomiques, établie auprès du ministère de l'agriculture.

L'exécution des prescriptions de cette commission doit être surveillée et assurée par les visites de l'inspecteur des Stations agronomiques. C'est de la comparaison des résultats obtenus par l'application rigoureuse d'un plan d'expériences convenablement adapté à chaque région que l'agriculture locale peut tirer des renseignements précis sur les choix à faire des semences et des engrais, sur les quantités à employer, sur les méthodes culturales à appliquer aux récoltes de toute nature;

4° Expérimenter les instruments nouveaux ou anciens, mais non encore vulgarisés dans la région; établir les avantages économiques de ces machines et en démontrer le fonctionnement aux cultivateurs;

5° Organiser des syndicats entre les cultivateurs de la région pour l'achat d'engrais et de semences, l'achat ou la location d'instruments. Ces syndicats existent déjà dans un certain nombre de départements, et présentent des avantages multiples qu'il suffit d'énoncer pour en montrer l'importance: 1° ils supprimeraient les intermédiaires, toujours onéreux; en centralisant les commandes, ils permettraient au plus petit cultivateur de s'adresser aux grands producteurs d'engrais artificiels, qui tous aujourd'hui acceptent la vente sur titre de leurs produits, c'est-à-dire d'après leur teneur réelle en principes fertilisants; 2° les achats étant faits par grandes quantités, il en résulte une double économie pour les cultivateurs, consistant, d'une part, dans la remise qu'aucune grande maison de commerce ne refuse de faire pour une livraison importante; de l'autre, dans la diminution des frais de transport, l'expédition se faisant par wagon complet;

6° Par l'organisation du syndicat, les cultivateurs cessent d'être la proie des fraudeurs, tous les engrais étant contrôlés et analysés par la Station agronomique, sous le patronage du syndicat et sans frais appréciables pour le cultivateur. En effet, un échantillon moyen de chaque sorte d'engrais est prélevé, avec tous les soins nécessaires, par les soins du syndicat, et une seule analyse faite, à la Station, suffit à garantir la valeur de la marchandise livrée;

Enfin, et ce n'est pas l'un des moindres avantages des syndicats, il s'établit, par eux, une sorte d'association entre les cultivateurs pour la défense de leurs intérêts; de là, des rapports qui ne peuvent manquer de créer des liens utiles à tous les titres à ceux qui les contractent.

Ce que je viens de dire des engrais s'applique nécessairement à l'achat des semences. Le syndicat, quelque temps avant l'époque des semailles, centralise les demandes et peut, suivant leur importance, faire venir du lieu d'origine un wagon complet ou un bateau de semences, dont le prix de transport se trouve sensiblement réduit, ainsi que le prix d'achat.

C'est à l'initiative privée des propriétaires, des fermiers ou des associations agricoles qu'il appartient surtout de provoquer la création des syndicats, mais le rôle du directeur de la Station peut être des plus efficaces pour leur bonne organisation et leur fonctionnement. La Station agronomique pourrait très utilement, si ses ressources le lui permettaient, consacrer quelques champs à la production des semences qui seraient mises à bas prix à la disposition des membres du syndicat de la région.

L'application du même principe d'association, en vue de la location, de l'achat d'instruments, semoirs à graines ou à engrais, défonceuses, moissonneuses, faucheuses, etc., n'est pas moins utile aux agriculteurs d'une région. Les instruments seront essayés à la Station, comparés au point de vue de l'économie de traction ou de main-d'œuvre et loués ou cédés aux membres du syndicat à des prix d'autant plus bas que le nombre des associés sera plus grand. Il serait facile d'indiquer des maisons de premier ordre qui sont toutes prêtes, dès à présent, à faire de larges remises aux Stations agronomiques et aux syndicats, en vue d'achats d'instruments.

Il est encore un argument en faveur des syndicats d'agriculteurs, sur lequel on ne saurait, je crois, trop insister : c'est le pas considérable que leur bonne organisation, sous la direction de la Station agronomique et avec le concours de propriétaires et d'exploitants d'une solvabilité reconnue, ferait faire à la question si complexe du crédit agricole.

La base de tout crédit est la solvabilité de l'emprunteur : la chercher ailleurs est un leurre. N'est-il pas manifeste qu'une association nombreuse de propriétaires et de fermiers, formée en majorité de cultivateurs notables d'un ou de plusieurs départements, présentera une surface de nature à donner confiance aux négociants et fabricants avec lesquels traiterait le syndicat? La solidarité qui unirait les membres du syndicat rendrait les transactions faciles là où, individuellement, elles seraient parfois difficiles, sinon irréalisables. Connaissant personnellement tel cultivateur, auquel une banque n'ouvrirait pas sa caisse, le syndicat, édifié sur sa moralité, ses habitudes laborieuses, ses chances de succès, deviendrait bien souvent son garant vis-à-vis des vendeurs.

Je soumets modestement ces réflexions à l'examen des cultivateurs, la question du crédit agricole, si importante qu'elle soit, m'ayant toujours paru l'une des plus délicates et des plus difficiles à résoudre législativement. L'association librement consentie de cultivateurs se connaissant réciproquement, me paraît être l'un des acheminements les plus certains à la fondation du crédit agricole.

Un groupe d'associés peut en effet affronter quelques légers risques qu'un individu isolé se refuse à courir : en tout cas, il lui est plus aisé qu'à un particulier de faire des avances et d'en attendre le remboursement, ne serait-ce que par la facilité que ce groupe lui-même trouvera du côté des vendeurs pour le règlement de ses achats, en raison de la confiance que sa constitution inspirera et du crédit qu'elle lui donnera.

Enfin les Stations agronomiques sont à la disposition des cultivateurs pour l'analyse des fourrages et autres denrées alimentaires du bétail; elles leur indiquent, d'après la nature et la quantité des fourrages dont ils disposent, les rations appropriées aux divers buts qu'ils se proposent : engraissement, production du lait, travail des animaux, toutes questions si imparfaitement connues encore de bien des cultivateurs, et qui ont une importance économique considérable.

Les professeurs départementaux d'agriculture sont, à côté des directeurs de Stations, les vulgarisateurs naturels des résultats obtenus dans les Stations agronomiques. L'enseignement local dont ils sont chargés trouvera dans les travaux des laboratoires, dans les champs d'expériences, dans les essais sur l'alimentation du bétail, entrepris et dirigés par les Stations, sa base la plus certaine, les exemples les plus utiles, les indications les plus sûres concernant les améliorations à signaler au public agricole.

De quelque côté qu'on envisage les services que les Stations agronomiques sont appelées à rendre à l'agriculture, on se convainc aisément de l'intérêt considérable qui s'attache au développement de cette institution et à sa diffusion à la surface d'un pays agricole au premier chef comme le nôtre. Il faudrait cependant se garder de multiplier trop brusquement et sans une étude approfondie de leur répartition sur notre territoire, les laboratoires et les Stations agronomiques. La première raison en est dans la difficulté où le ministère de l'agriculture, auquel il importe de réserver le choix, après un concours sur titres, du directeur de ces établissements, se trouverait de placer, à brève échéance, à la tête des stations, des hommes compétents et capables de répondre, sous tous rapports, à la confiance des agriculteurs. En second lieu, la dépense nécessaire, si minime qu'elle soit, eu égard aux résultats (annuellement 12,000 à 15,000 fr. par Station convenablement dotée), pourrait s'élever à un chiffre assez considérable pour arrêter la réalisation immédiate de notre programme. Il est facile, dès à présent, par un groupement convenable des départements autour d'une Station centrale (ce sera affaire à la commission des Stations et au ministère de l'agriculture de déterminer ce groupement), il est facile, dis-je, de compléter l'organisation des Stations à bref délai et avec un budget que le Parlement ne saurait refuser d'accorder à un ministère compétent, dans un moment où il se préoccupe si vivement, à juste titre, des souffrances de l'agriculture.

D'ici à un an, la France peut être en possession de champs d'expériences nombreux et bien dirigés, ce qui importe avant tout au succès de l'institution ; des syndicats pour achat de semences, d'engrais et d'instruments peuvent être organisés dans tous les départements. Le concours de l'État, j'en ai la certitude, ne fera point défaut, de ce côté, aux intérêts de l'agriculture.

A l'initiative privée, à l'entente cordiale des propriétaires et des fermiers, au zèle des associations agricoles, appartient de seconder les pouvoirs publics, auxquels nous sommes en droit de faire appel, mais qu'il nous faut bien garder de vouloir transformer en une providence dont on doit tout attendre, en se dispensant d'efforts individuels, point de départ indispensable de tout progrès, de tout succès.

IX

Réformes législatives. — Conclusions.

Arrivé au terme de cette étude, je désire appeler brièvement l'attention de nos législateurs sur quelques modifications urgentes à apporter, dans l'intérêt de l'agriculture, aux lois qui régissent la propriété, sa jouissance et sa transmission momentanée ou définitive à des tiers.

Résumant ensuite rapidement les faits exposés, je mettrai en relief les conclusions qui en découlent, conclusions dont la valeur ne saurait être amoindrie par la solution positive ou négative que le Parlement donnera à la question des droits à l'entrée sur les céréales.

La première réforme qui s'impose aux cultivateurs français est, nous l'avons dit, la réduction de la surface consacrée au blé : il faut restreindre la culture de cette céréale aux sols particulièrement aptes à la porter. Partout où cela sera possible, on transformera en prairies temporaires ou permanentes les médiocres terres à blé, afin d'augmenter les animaux de rente, bœufs, vaches ou moutons, suivant le cas, en restreignant l'élevage du cheval aux régions qui lui conviennent. Enfin, le cultivateur doit tendre à devenir industriel dans la limite que permettent les conditions générales de la région qu'il habite et les conditions spéciales de l'exploitation qu'il dirige. Le jour où l'agriculture sera devenue, ce qu'elle doit être, une *industrie* disposant de capitaux suffisants, ayant des chefs instruits à sa tête, s'appuyant de plus en plus sur le principe d'association, elle entrera, prospère, dans une voie que le cultivateur, abandonné à ses faibles ressources individuelles, parcourt péniblement.

Ce programme, simple en soi, suppose des modifications profondes dans l'esprit, l'instruction et les ressources du cultivateur, mais, de plus, sa réalisation immédiate se heurte à des difficultés et parfois à des impossibilités, dépendant de la législation actuellement en vigueur. Ce sont ces entraves et les moyens de les détruire que je voudrais signaler rapidement, en terminant cette étude.

Dans les pays à fermage, où sévit particulièrement la crise agricole, la première condition de tout progrès cultural de quelque importance réside dans l'augmentation de la durée des baux. Pour s'intéresser à l'amélioration foncière du sol (création de prairies, drainage, irrigations, défonçage, etc...), le fermier doit pouvoir espérer la rémunération légitime de ses peines et des avances qu'il aura faites au sol. Il faut que la plus-value qu'il aura donnée à la terre, en élevant son rendement, à prix d'efforts et d'argent, ne profite pas uniquement au propriétaire. Des baux à long terme, avec augmentation graduelle du fermage, de six en six ans par exemple, sont un des éléments les plus efficaces du progrès agricole : une loi, concernant les indemnités à accorder en fin de bail au fermier pour les améliorations foncières réalisées par lui, constituerait un progrès des plus sensibles dans notre législation rurale.

Les premières années qui suivent l'entrée du fermier en jouissance exigent une forte dépense pour l'achat du train de culture, du bétail, des semences, etc. Si le bail n'a qu'une durée de six ou neuf ans, ce qui malheureusement est presque la règle aujourd'hui, le fermier hésite, alors même qu'il le pourrait, à engager des capitaux suffisants dans son exploitation. Il s'efforce de tirer du sol le plus possible, en lui rendant le moins qu'il peut, et finalement, à l'expiration du bail, propriétaire et fermier se trouvent avoir fait une mauvaise affaire. Le fermier a vécu tant bien que mal, sans réaliser de bénéfices ni d'économies; le propriétaire reprend, pour la louer à un autre, une terre en mauvais état, épuisée et qu'il affermera difficilement.

Le remède à ce mal est tout indiqué, semble-t-il : il suffit que les contractants soient d'accord pour augmenter la durée du bail. Sans vouloir aborder ici la grosse question de la liberté de tester, programme de l'avenir, je constate avec beaucoup d'économistes, que la loi qui régit les successions dans notre pays est l'un des principaux obstacles à la longue durée des baux, le père de famille redoutant fréquemment de s'engager pour une longue période, de peur de laisser à ses enfants l'embarras d'un contrat qu'ils ne pourront ni céder ni partager entre eux.

De plus, la loi française consacre, par un certain nombre de dispositions, la durée de neuf ans pour les baux. C'est le cas des baux consentis par le mineur émancipé, qui ne sauraient s'étendre au delà de cette durée (art. 481); celui des mineurs (art. 1718), celui des usufruitiers pour lesquels l'article 595 fixe la durée des baux à neuf années au maximum. C'est, enfin, la condition des baux consentis par le mari pour les biens de sa femme, les articles 1429 et 1430 interdisant au mari d'affermer, au delà de neuf ans, les terres appartenant à sa femme, et prononçant, en cas de dissolution de la communauté, l'annulation de tout bail excédant cette durée.

Mais, à côté des restrictions apportées par la loi aux catégories de baux que nous venons de citer, il est, pour certaines régions, une autre condition bien plus funeste encore aux améliorations des terres affermées. Dans une partie considérable de la France, et c'est le cas de presque toute la région de l'Est, le fermier est asservi, par son bail et par le morcellement du sol, à l'assolement triennal auquel il lui est interdit de renoncer ; il doit, lorsqu'il quitte la ferme, rétablir, s'il l'a modifiée, la répartition des terres en *saisons,* c'est-à-dire en trois parties d'importance égale : blé, jachères et plantes sarclées ou cultures analogues. Le premier obstacle que rencontre un fermier lors de son entrée en jouissance est donc la suppression de sa liberté d'action, l'interdiction de disposer ses cultures suivant le plan qui lui paraîtrait le plus favorable, et l'obligation, à la fin de son bail, de rétablir l'assolement routinier auquel il n'a pu se soustraire, pendant la durée de l'exploitation, qu'en contrevenant aux engagements pris par lui au début.

A l'interdiction formelle de renoncer à l'assolement triennal inscrite dans le plus grand nombre des baux, se joint une impossibilité matérielle d'agir autrement, dans la grande majorité des communes de l'Est. Cette impossibilité résulte de la division extrême de la propriété et des enclaves qui sont la conséquence de l'absence de chemins ruraux et d'exploitation. L'attention de nos législateurs ne saurait trop être appelée sur la réforme, à la fois urgente et simple, que réclame cet état de choses. Quelques indications précises à ce sujet vont montrer l'importance de cette réforme et l'influence qu'elle exercerait, du jour au lendemain, sur la situation de cultivateurs trop nombreux à l'heure actuelle.

Pour réduire efficacement la surface emblavée, il faut nécessairement remplacer les céréales par d'autres cultures. Or, cette transformation est absolument irréalisable, tant que la réunion des parcelles appartenant à un même propriétaire et la création de chemins d'exploitation qui en est la conséquence, comme nous le verrons tout à l'heure, n'auront pas trouvé, dans une addition à la loi du 21 juin 1865 sur les associations syndicales, un remède efficace à l'état de choses actuel.

En 1876, à l'occasion du dépôt par le Gouvernement du projet de loi sur le cadastre, la Société centrale d'agriculture de Meurthe-et-Moselle, que j'avais l'honneur de présider, a formulé dans un rapport remarquable, dû à M. Puton, professeur de législation à l'École nationale forestière, une proposition dont le premier article est ainsi conçu :

« Les dispositions de la loi du 21 juin 1865 (consentement des deux tiers au moins des intéressés en nombre et moitié au moins en étendue ou inversement) sur les associations syndicales sont applicables aux travaux d'arpentage et de bornage connus sous les noms de *règlement des limites, remembrement, abornement général*, etc., avec ou sans redressement des périmètres des parcelles.... » Il s'agirait par là d'étendre à de nouveaux cas, bien caractérisés, l'objet des syndicats prévus par la loi de 1865. Un syndicat aurait autorité pour trancher, comme le ferait le juge civil, des questions d'abornement, de redressement de limites et de création de chemins.

Quelques explications concernant ce qu'on nomme en Lorraine le remembrement du territoire sont nécessaires pour montrer la portée de cette proposition [1].

Le cadastre parcellaire exécuté en France, en vertu de la loi du 15 septembre 1807 et du décret du 27 janvier 1808, a été entrepris en 1808 et achevé en 1845 seulement. Cet immense travail a rendu de grands services pour les travaux publics (canaux, routes, chemins de fer, etc.), en dehors de l'assiette régulière de l'impôt foncier, son principal objet.

1. Je les emprunterai en grande partie à une notice de feu M. de Nicéville, rédigée au nom de la Société centrale d'agriculture de Meurthe-et-Moselle et jointe, lors de l'Exposition de 1878, aux plans des communes remembrées qui figuraient dans l'exposition collective de notre association.

De leur côté, les propriétaires ont bientôt reconnu que le cadastre leur fournissait de précieux renseignements pour la constatation de la contenance et de la délimitation de leurs biens-fonds, en suppléant à la trop fréquente insuffisance de leurs titres. Depuis un demi-siècle, les propriétaires ont eu besoin si fréquemment de consulter les documents cadastraux qu'ils ont appris à lire un plan et que, dans nos campagnes, nos paysans savent reconnaître leurs champs sur le plan cadastral et indiquer avec précision les modifications qui ont été apportées à la configuration cadastrale, par suite de partages, de réunions, de ventes, etc.

Les avantages attachés à une opération d'arpentage bien exécutée et dont les bases auraient été contradictoirement discutées se sont affirmées de plus en plus. De là, à souhaiter de posséder un document faisant titre pour chacun d'eux, il n'y avait qu'un pas à faire, et ce pas a été fait en Meurthe-et-Moselle, grâce au dévouement et au zèle de deux fonctionnaires promoteurs de ce progrès, M. Bretagne, directeur des contributions directes et du cadastre à Nancy, et M. Gorce, géomètre du cadastre. Dans les départements voisins, Haute-Saône, Ardennes, Vosges, Meuse, de nombreuses opérations de remembrement avec renouvellement du cadastre ont été également réalisées. (A la date de 1878, 101 communes sur 587 dans la Meuse, 95 sur 478 dans les Ardennes, 46 dans l'ancien département de la Meurthe sur 713, etc.) Dans le seul département de la Meurthe, on a aborné, dans 25 communes, 48,000 parcelles agricoles sur des territoires contenant 13,000 hectares, et, dans 20 communes sur 25, on a fait la rectification des parcelles sinueuses ou mal disposées pour la culture, le tout accompagné de la création de chemins ruraux faisant disparaître à peu près complètement les enclaves.

Nous sommes donc ici en présence d'opérations réalisées sur une vaste échelle et non de projets plus ou moins discutables. Il importe, je crois, de signaler la marche de ces opérations, la dépense minime qu'elles entraînent et les moyens mis en œuvre pour atteindre ce but si profitable aux intérêts de l'agriculture. — Je prendrai pour exemple ce qui s'est fait en Meurthe-et-Moselle.

L'opération d'arpentage bien exécutée, si utile qu'elle soit en elle-même, ne pouvait suffire aux besoins de l'agriculture. Les conditions du problème qu'on s'est posé dans les communes remembrées sont les suivantes :

1° Attribuer à chaque propriétaire des contenances proportionnelles à ses titres ; 2° rendre fixes les limites flottantes; 3° redresser les parcelles courbes, lorsque leur courbure n'est pas nécessitée par la configuration du sol ou par l'écoulement des eaux ; 4° désenclaver les parcelles, par la création de chemins ruraux sur lesquels elles aboutiraient ; 5° procéder à des réunions de parcelles pour atténuer les inconvénients d'un trop grand morcellement.

Dans l'état actuel de la législation, un travail d'abornement général qui touche à tant d'intérêts et soulève tant de questions exige, pour être mené à bonne fin, que les propriétaires aient délégué à une commission arbitrale, prise parmi eux, les pouvoirs nécessaires pour trancher amiablement toutes les difficultés. Le premier point est donc d'obtenir le consentement de *tous* les intéressés ; c'est pour obvier à cette difficulté quelquefois insurmontable — obtenir l'unanimité — que la Société centrale d'agriculture de Meurthe-et-Moselle a demandé, dès 1876, que le législateur décidât, par une extension de la loi du 21 juin 1865, l'obligation d'accepter l'abornement général et ses conséquences, lorsque les deux tiers des propriétaires y seraient favorables. Voici comment on a procédé en Lorraine, en attendant le vote, par le Parlement, de cette mesure si simple et si efficace.

Lorsque la commission arbitrale, composée d'un certain nombre de membres (9 à 13), a été nommée par l'assemblée générale des propriétaires, elle reçoit, examine et coordonne tous les titres de propriétés et fixe les contenances à attribuer à chacun des possesseurs du sol dans un même confin ou *lieu-dit,* attendu qu'un confin ne doit pas empiéter sur les autres. Le géomètre, de son côté, a mesuré la surface du confin, préalablement délimitée, et, s'il y a gain ou perte, par rapport à la contenance résultant des titres, chacun des propriétaires participe, proportionnellement à ses titres, au gain ou à la perte.

Dans les contrées de la Lorraine, le Barrois, la Franche-Comté, où la propriété est très morcelée, les parcelles sont presque toutes enclavées, c'est-à-dire qu'on ne peut y parvenir qu'en traversant un plus ou moins grand nombre de propriétés.

De là, l'obligation de suivre aveuglément le mode de culture adopté pour telle ou telle portion du territoire, lors même qu'on voudrait s'affranchir de la routine et profiter des progrès de la science agricole. Nos cultivateurs ont senti les graves inconvénients de cet état de choses, et comme ils avaient reconnu que toute parcelle qui jouit d'une sortie possède une plus grande valeur vénale ou locative que les parcelles analogues et de même qualité qui sont enclavées, ils ont profité de l'abornement général pour ouvrir des chemins ruraux de quatre à six mètres de largeur, suivant le nombre de propriétés à desservir, chemins qui, passant à l'extrémité des sillons et aboutissant aux chemins déjà construits, ont fait disparaître presque entièrement les enclaves.

Le morcellement des propriétés augmente les frais généraux de culture et s'oppose souvent à l'emploi des machines : c'est un mal auquel on ne peut apporter, dans l'état actuel de notre législation, que des palliatifs dont le plus pratique est l'échange amiable, sans soulte. Beaucoup de propriétaires l'ont compris : ils ont fait entre eux des échanges dans le même confin et ils ont pu, de la sorte, grouper, en une seule parcelle, leurs sillons dispersés avant le remembrement. Enfin, pour compléter l'œuvre, on a, pour ces communes, combiné le renouvellement du cadastre avec l'abornement général.

Afin de préciser les avantages de ces opérations, je citerai quelques chiffres relatifs au remembrement des territoires de la commune de Clérey (Meurthe-et-Moselle). Sur un territoire d'une contenance totale de 442 hectares, divisé, d'après le plan cadastral de 1811, en 2620 parcelles, on a, en 1873, créé 7 kil. 380 mètres de chemins d'exploitation et réduit, par voie d'échanges amiables, à 1840 les 2620 parcelles. Toutes les parcelles aboutissent sur des chemins d'exploitation ; les parcelles courbes ont été remplacées par des parcelles droites, ce qui favorise singulièrement les opérations culturales, labour, etc. Tous les sommets des confins ont été abornés.

Enfin, un plan à grande échelle et coté, reproduisant les moindres détails du terrain, a complété cette belle opération, menée à bonne fin, grâce au tact et au zèle de M. Gorce, auquel le jury de l'Exposition universelle de 1878 a, pour ces travaux, décerné une médaille d'or.

Grâce à ce plan général, les contestations en déplacements de limites ne peuvent plus soulever de difficultés sérieuses et les rapports de bon voisinage sont la conséquence naturelle de l'harmonie qui s'établit entre les propriétaires. Ceci est encore le résultat d'une expérience de vingt-cinq années, pendant lesquelles 25,000 parcelles ont été délimitées (en Meurthe-et-Moselle) et 250 kilomètres de chemins ruraux ont été ouverts. Non seulement cet important travail n'a soulevé aucune réclamation, mais les propriétaires s'applaudissent tous les jours davantage d'avoir su mener à bien une opération aussi féconde en bons résultats.

Voyons maintenant quelle dépense entraînent les frais afférents au cadastre proprement dit et ceux relatifs au remembrement ou abornement général. Ces derniers sont à la charge des intéressés : quant au cadastre, il est considéré comme une opération communale et payé, soit sur les fonds libres de la commune, soit au moyen d'un emprunt amorti par des annuités couvertes à l'aide de centimes additionnels à la contribution foncière.

La dépense cadastrale comprend : la triangulation, le plan-minute coté, conservé aux archives de la direction des contributions directes du département ; la copie de ce plan déposée au secrétariat de la mairie ; l'évaluation, par expertise, du revenu net de toutes les propriétés bâties et non bâties ; la matrice cadastrale en deux expéditions, dont l'une pour la direction des contributions directes et l'autre pour la commune.

Les frais de cadastre se calculent par parcelle et par hectare : ils sont fixés, dans le département de Meurthe-et-Moselle, comme suit : 0 fr. 80 par parcelle ; 1 fr. 91 par hectare, plus 40 fr. par commune, ce qui porterait à 5,550 fr. la dépense d'une commune ayant 1,000 hectares de superficie et renfermant 4,500 parcelles. Les frais du bornage sont nécessairement limités aux portions des territoires sur lesquelles s'effectue le remembrement ; ils se calculent à raison de 6 fr. par hectare et de 0 fr. 75 par parcelle. Si l'on ajoute à cette dépense celle d'achat et de pose de bornes, ainsi que quelques frais accessoires, on arrive à une moyenne de 15 *francs par hectare*. Cependant, comme dans une commune il n'y a généralement que les deux tiers de la superficie qui soient soumis à l'abornement, on peut évaluer à environ 10,000 fr. les frais de l'abornement général de la commune de 1,000 hectares, prise comme type. Soit, en résumé, pour les deux opérations simultanées, la somme totale de 15,000 à 16,000 fr. Si l'on compare cette dépense, qui au premier abord peut paraître élevée, aux avantages de toute nature qui en sont les conséquences, si on la rapproche du revenu et de la valeur en capital de toutes les propriétés bâties et non bâties, on la trouvera, au contraire, légère; elle deviendrait même tout à fait minime, si on la mettait en parallèle avec celle qui résulte du moindre bornage judiciaire.

En résumé, voilà quarante ans que le cadastre est terminé, et tout le monde comprend qu'il doit être refait et amélioré, pour satisfaire aux intérêts généraux de la propriété. Néanmoins, on peut craindre que la révision cadastrale ne reste longtemps encore à l'étude avant d'entrer dans la période si désirée de l'application, car la réfection coûterait environ 250 millions. Eh bien, suivant l'expression de feu de Nicéville, les propriétaires de la Meurthe se sont faits les pionniers de l'avenir. Ils se sont mis résolûment à l'œuvre; ils ont donné au problème complexe du cadastre et du remembrement du territoire une solution qui peut servir de modèle, dans toutes contrées où la propriété est morcelée comme en Lorraine.

Je m'arrête et n'ai plus qu'à résumer la pensée qui m'a inspiré et les conclusions pratiques qui découlent de tout ce qui précède.

Il y a un siècle environ, le célèbre agronome anglais Arthur Young évaluait à 15 hectolitres à l'hectare le rendement moyen en blé du sol de sa patrie et à 8 ou 9 hectolitres celui de la France. Aujourd'hui, la Grande-Bretagne produit 26 à 27 hectolitres et la France 15 à 16. Le rapprochement de ces quatre chiffres met en relief l'amélioration survenue dans les deux pays, amélioration très sensible pour tous deux, dans la production du blé.

Les exemples cités par nous au cours de cette étude établissent, d'une façon indiscutable, la possibilité d'accroître encore notablement les rendements de nos sols en céréales, par l'amélioration simultanée des méthodes de culture, du choix des semences et l'emploi des fumures mieux appropriées aux sols et aux récoltes. Le concours des intéressés en premier lieu, propriétaires, fermiers et cultivateurs, celui des départements, des communes et de l'État ensuite, doivent hâter, par un ensemble d'efforts convergeant vers le même but, la réalisation de ce progrès.

Les réformes urgentes, pour atteindre cet objectif : l'accroissement des rendements, sont nombreuses et d'ordres divers. Voici les principales :

I. — Réformes législatives.

Modification de la loi qui régit les successions et s'oppose à l'allongement des baux (modification des articles 1429 et 1430, ne permettant pas au mari d'affermer pendant plus de neuf ans le bien de la femme, et des articles 481, 595 et 1718 fixant à neuf ans la durée des baux des fermes dont jouit l'usufruitier et celle des baux consentis par les mineurs);

2° Fixation par une loi analogue à l'*Agricultural Holdings Act* de 1883, par lequel le Parlement anglais a fixé les plus-values à payer au fermier en fin de bail à raison des améliorations foncières et culturales qu'il aura exécutées sur la ferme. La loi de 1883 sur les baux agricoles et sur les indemnités se trouvent *in extenso* dans le n° 8 du *Bulletin* du ministère de l'agriculture, p. 776 et suiv. Elle pourrait, avec quelques modifications, être adaptée aux baux français.

3° Extension aux opérations d'abornement général de la loi du du 21 juin 1865 sur les associations syndicales. Cette simple addition à la loi permettrait le remembrement et la réfection cadastrale, à très peu de frais, des territoires si morcelés d'un grand nombre de communes. Son effet certain serait de rendre possible l'abandon de l'assolement triennal et la suppression de beaucoup d'autres entraves apportées, par la législation actuelle, aux améliorations culturales;

4° Modifications à la loi de 1867 sur la répression de la fraude dans le commerce des engrais. La loi projetée affranchirait le cultivateur des manœuvres dolosives dont il est chaque jour la victime et contribuerait très efficacement à l'extension de l'emploi des fumures artificielles, vendues loyalement, sous le contrôle des Stations agronomiques et des syndicats.

II. — Réformes culturales.

1° Réduction notable des surfaces emblavées. — Réserver à la culture du froment les terres particulièrement aptes à le porter. — Ces terres devront être drainées partout où cela sera nécessaire; labourées profondément et fortement fumées à l'aide d'engrais complémentaires du fumier de ferme. Le drainage est indispensable dans presque toutes les terres fortes à blé. — Transformation en prairies et en autres cultures, partout où cela sera possible, des mauvaises terres à blé;

2° Propagation des machines et notamment des semoirs en ligne et des outils à cheval propres au nettoyage du sol;

3° Choix de graines de bonne qualité et de variétés prolifiques;

4° Extension de l'emploi des engrais chimiques judicieusement appliqués aux diverses cultures;

5° Transformation industrielle de l'agriculture;

6° Augmentation du bétail.

Nous avons montré quelle large part peut être dévolue dans ces améliorations aux Stations agronomiques, que nous demandons au Parlement de mettre à même, par des subventions suffisantes, d'exercer efficacement, et dès aujourd'hui, leur action sur l'agriculture française.

Si le Parlement élève les droits à l'entrée sur les céréales, et qu'un relèvement du prix du blé en soit le résultat, ce que nous persistons à considérer comme douteux, nous ne saurions trop engager les cultivateurs français à ne point se laisser aller à augmenter, au lieu de la réduire notablement, la surface emblavée.

Faire plus de blé sur une plus grande étendue serait un nouveau péril pour notre agriculture. Élever nos rendements, en réduisant en même temps la surface emblavée, telle est la voie rationnelle, la seule qui puisse conduire à une atténuation de la crise et aider à sa disparition plus ou moins prompte.

Instruire par tous les moyens et sous toutes les formes possibles le cultivateur français, faire disparaître les entraves législatives, provoquer et faciliter l'association des cultivateurs, propriétaires et fermiers, tel est le rôle de l'État.

S'instruire, s'associer, faire acte d'initiative individuelle et collective, tels sont les devoirs, conformes à leurs intérêts, de tous ceux qui, de près ou de loin, appartiennent au monde agricole. Une bonne instruction technique et des capitaux, le concours de conditions météorologiques favorables aidant, voilà les *desiderata* à combler, les remèdes efficaces à apporter à la situation présente.

Hors de l'initiative privée, de l'association et de la science, il n'est point de salut.

APPENDICE.

Note 1 (*page* 56).

M. Léon Simon, meunier à Frouard (Meurthe-et-Moselle), dans une lettre à la date du 7 janvier 1885, me communique les chiffres suivants relatifs aux rendements obtenus dans ses usines depuis 1875, chiffres d'après lesquels, ajoute-t-il, la moyenne de rendement en farine de toutes qualités n'atteint pas 70 p. 100, au lieu de 74 p. 100, taux admis par moi dans le calcul sur la consommation du pain en France.

1. Rendement des moulins de Frouard de 1875 *à* 1884.

ANNÉES.	FARINES		Retraits et sons.	CRIBLURES.	DÉCHET.
	premières.	basses.			
—	—	—	—	—	—
1875	56	14	25	2 1/2	2 1/2
1876	58	11	24	3 1/2	3 1/2
1877	59 1/2	11	23 1/2	3	3
1878	57 1/3	11	24 1/3	3 2/3	3 2/3
1879	57 1/2	10 1/2	24	4 1/2	3 1/2
1880	59	10 1/3	24	3 2/3	3
1881	62	8 1/4	23 3/4	3 1/4	2 3/4
1882	59 1/2	8 3/4	25 3/4	3 3/4	2 1/4
1883	61 1/2	6	28	2 3/4	1 3/4
1884	64 1/2	4	26	2 1/2	2 3/4
Blés d'Australie.	70	7	20	1	2

Une mouture en blé d'Australie *pur* nous a seule donné 77 p. 100 de farine.

Le chiffre moyen de 134 kilogr. de pain pour 100 kilogr. de farine paraît également trop élevé à M. L. Simon, qui lui substituerait volontiers celui de 130 kilogr. de pain pour 100 kilogr. de farine. Mon but étant, dans le paragraphe VI de cette étude, de donner une idée approximative de la consommation moyenne en pain, pour toute la France, que je n'ai trouvée indiquée nulle part, j'ai pris les nombres ronds de 74 kilogr. de farine pour 100 kilogr. de blé, et 134 kilogr. de pain pour 100 kilogr. de farine, les indications fournies par les auteurs, étant en général supérieures à ces chiffres, et variant dans d'assez larges limites, comme le montre le tableau suivant :

NOMS DES OBSERVATEURS.	FARINE pour 100 kil. de blé.	PAIN pour 100 kil. de farine.
Lawes et Gilbert	73.4	135.2
Ure	80.0	133.0
Dumas	80.0	133.0
Boussingault	74.0	130.0[1]
—	»	140.0[2]
—	»	139.0[3]
Millon	»	134.0
—	»	137.0
—	»	135.0
Maclozau	»	131.0
—	»	143.0

Les chiffres qu'indique M. L. Simon doivent se rapprocher très sensiblement de la réalité pour le pain de 1re qualité, fabriqué dans les grandes villes, mais je crois plus exact de prendre comme terme de comparaison les chiffres que j'ai admis, mon calcul visant la consommation générale, dans laquelle entre pour la plus forte part, le pain consommé dans les campagnes, fabriqué le plus souvent avec les farines tout venant, et non avec les farines de choix seulement.

En partant des données de M. L. Simon, j'ai calculé que la consommation en pain de la France, pour une population de 37,500,000 habitants (année 1881), serait de 109,337,770 hectolitres; si l'on ajoute à ce chiffre le blé de semence, 15,180,000 hectolitres, on arrive à un total de 124,517,770 hectolitres. Or, pour l'année 1881, sur laquelle a porté ma discussion, la consommation totale de blé résultant des chiffres statistiques de la récolte et de l'importation ne s'est élevée qu'à 109,321,567 hectolitres ; d'où viendraient alors les 15 millions d'hectolitres nécessaires pour l'emblavure, et qui font défaut d'après les évaluations de M. L. Simon?

Je crois donc pouvoir conserver les chiffres de la page 56, mais il m'a paru utile de reproduire les résultats numériques obtenus dans l'importante usine de Frouard, si habilement conduite, et dont les indications sont très instructives pour ceux qui s'occupent spécialement de la question des farines.

Note II (*page* 58).

Je citerai notamment, à côté de MM. Tourtel, qui ont obtenu cette année, sur 20 hectares, une moyenne de 39 hectolitres à l'hectare, M. Guérout, cultivateur

1. Pain de Paris.
2. Pain de ration troupe.
3. Pain de Bechelbronn.

à Goderville (Seine-Inférieure), qui m'écrit, à la date du 28 décembre dernier, qu'il a récolté, en 1884, de 32 à 35 hectolitres à l'hectare, avec le *golden drop*, sur le sol fumé avec addition d'engrais chimique. M. Guéront ajoute qu'un de ses voisins a atteint le rendement de 40 hectolitres à l'hectare avec la même variété. Je demeure convaincu que ces hauts rendements cesseront d'être exceptionnels, lorsque l'on consentira à faire au sol les avances nécessaires en fumure, qu'on emploiera de bonnes semences conjointement avec les améliorations culturales indispensables à l'obtention d'abondantes récoltes.

DONNÉES STATISTIQUES

SUR

LA QUESTION DU BLÉ

NOTE ET DIAGRAMMES

PAR M. E. CHEYSSON

INGÉNIEUR EN CHEF DES PONTS ET CHAUSSÉES

PROFESSEUR D'ÉCONOMIE POLITIQUE A L'ÉCOLE DES SCIENCES POLITIQUES

ANCIEN PRÉSIDENT DE LA SOCIÉTÉ DE STATISTIQUE DE PARIS

Mon ami, M. Grandeau, m'ayant fait l'honneur de me demander « d'illustrer » son étude sur la production agricole par quelques tableaux graphiques, j'ai dressé à son intention les diagrammes ci-contre, dont la seule prétention est de traduire, pour les yeux du lecteur, les principales données numériques nécessaires à la solution de ce difficile problème.

Bien que ces diagrammes soient peut-être assez clairs pour se passer de commentaires, je crois utile cependant d'en expliquer sommairement le mécanisme et d'en faire ressortir la portée. Tel est l'objet de cette note.

Le 1er diagramme, dont les chiffres sont résumés dans un tableau annexe (n° 2), réunit dans un même dessin, pour la période comprise de 1815 à 1884, les éléments ci-après, qui se rapportent tous au froment en grain :

1° La production ;

2° Les importations ;

3° Les exportations ;

4° La consommation (en désignant sous ce nom la somme de la

production et de l'écart — positif ou négatif — entre les importations et les exportations) ;

5° Le rendement moyen par hectare ;

6° Le nombre d'hectares ensemencés ;

7° Le prix moyen de l'hectolitre ;

8° Le droit de douane à l'entrée.

Les courbes, qui expriment la marche de chacun de ces éléments de 1815 à 1884, appelleraient les observations les plus intéressantes. Mais, forcé d'être bref, je me bornerai à quelques mots sur chacune d'elles, en les passant en revue dans l'ordre même où elles viennent d'être énumérées.

1° à 4°. — Production et consommation.

De 1820 à 1880, la production est passée, en chiffres ronds, de 50 à 100 millions d'hectolitres, c'est-à-dire qu'elle a doublé, pendant que la population passait seulement de 30 à 37 millions et demi d'habitants. La production par tête s'est donc accrue de $1^{hl},67$ à $2^{hl},67$. Mais, par suite des progrès de l'aisance générale, ainsi que de la substitution du froment au méteil et du pain blanc au pain bis, la consommation a marché plus rapidement encore et ne peut plus être satisfaite que par de larges importations.

Aussi la même récolte de 80 millions d'hectolitres, qui passa pour inespérée en 1832 et fit aussitôt fléchir les prix du blé, aurait-elle amené en 1879 une véritable disette, sans les 30 millions d'hectolitres importés, qui ont représenté la subsistance de plus du quart de notre population.

Lors de la grande enquête de 1859 sur la législation des céréales, M. Rouher, dans son rapport à l'Empereur, exprimait la pensée que « la France deviendrait le grenier de l'Angleterre » (p. 64). Tant que l'agriculture n'aura pas su, en s'inspirant des sages conseils de M. Grandeau, accroître son rendement, cette prévision sera de plus en plus démentie par la réalité et nous resterons tributaires de l'étranger pour combler l'insuffisance de notre production.

5° — Rendement moyen par hectare.

Ce rendement est en voie de progression continue, comme on le voit sur le diagramme et comme le prouvent les chiffres suivants :

	RENDEMENT moyen par hectare.
	Hectolitres.
Période 1820-1829	11,80
— 1830-1839	12,36
— 1840-1849	13,66
— 1850-1859	13,95
— 1860-1869	14,36
— 1871-1880	14,46
— 1881-1884	15,67

Toutefois, malgré ce progrès, il nous reste encore beaucoup de chemin à faire pour atteindre le rendement de la Belgique, de la Hollande, de la Norwège et du Danemark (20 à 22 hectol.) et à plus forte raison celui de l'Angleterre (27 hectol.). Mais, comme l'a très nettement montré M. L. Grandeau, il suffirait d'un faible effort, si notre ambition se bornait à mettre notre production au niveau de nos besoins.

Pour l'année 1884, le rendement a été de $15^{hl},90$. Mais il présente d'un département à l'autre des variations considérables, qui sont figurées par un « cartogramme » spécial (*Annexe* n° 3), et dont la gamme s'étend depuis $4^{hl},76$ pour la Creuse à $29^{hl},36$ pour Seine-et-Oise.

La teinte noire indique les départements dont le rendement est le plus faible, et qui occupent presque tout le Midi.

Si l'on trace une ligne qui suive environ le parallèle de Bourges et laisse, au-dessus comme au-dessous d'elle, un nombre égal de départements, on trouve que les 43 départements situés au nord de cette ligne ont produit en 1884 les 2/3 de la récolte totale, avec un rendement de $18^{hl},34$ à l'hectare, tandis que les départements du Midi n'ont produit que le dernier tiers, avec un rendement de $12^{hl},60$.

Dans l'hypothèse où le rendement de cette seconde moitié de la France eût été égal à celui de la première moitié, la production totale aurait présenté, en 1884, un supplément de 17 millions d'hectolitres.

6° — Nombre d'hectares ensemencés.

Le nombre des hectares ensemencés accuse, lui aussi, une progression constante, et, partant de 4,600,000 en 1815, il atteint, par étapes successives, son chiffre actuel de 6,900,000.

Ce chiffre est peut-être excessif, et il serait à craindre que l'établissement d'un droit d'entrée sur les grains ne vînt encore pousser à l'extension des emblavures, tandis que le véritable intérêt paraît être de développer les cultures fourragères qui, en permettant de nourrir un bétail plus nombreux, fourniraient aux terres à blé plus d'engrais et en accroîtraient le rendement.

7° — Prix moyen de l'hectolitre.

La 7e courbe du diagramme représente les variations du prix de l'hectolitre depuis le commencement de ce siècle et peint fidèlement l'influence des grandes transformations accomplies dans le monde économique par les voies de communication et l'extension des marchés internationaux.

Au début du siècle, la courbe offre des oscillations considérables, dont l'amplitude va sans cesse en se resserrant, à mesure que les divers marchés sont en relations plus étroites, et que les sources d'approvisionnements deviennent à la fois plus abondantes et plus nombreuses.

Les prix suivaient autrefois, avec une extrême sensibilité, les variations des récoltes et les reflétaient, mais avec de singulières exagérations.

Quand la récolte était mauvaise, le cultivateur gardait son blé malgré la hausse, attendant, pour le vendre, des cours encore plus élevés. Les acheteurs, de leur côté, faisaient des provisions en vue de la crise. Sous cette double action, le marché, réduit à ses propres ressources, subissait des soubresauts hors de proportion avec la réalité de l'insuffisance, et commandés par la rareté factice qu'engendrait la peur.

Si, au contraire, la récolte était abondante, le producteur, faute de débouchés au dehors, la jetait aussitôt sur le marché intérieur avec les réserves de son stock, et il écrasait ainsi les cours, au delà même de toute mesure. C'était la panique du producteur, après celle du consommateur. Or, rien ne fausse, plus que les paniques, le libre jeu de l'offre et de la demande.

Pour montrer la gravité de ces oscillations dans un passé, bien rapproché de nous et que beaucoup de nos contemporains actuels ont connu, j'ai fait dresser le cartogramme du prix de l'hectolitre de blé, par département, pendant le mois de juin 1817 (*Annexe* n° 4). Les teintes noires accusent les prix les plus hauts et submergent tout l'Est de la France, tandis que les départements de l'Ouest se détachent en clair. Rien ne montre mieux que cette carte les bienfaits des voies de communication et du nivellement des prix. Pendant que la Haute-Garonne payait son blé en moyenne 30 fr. 25, le Bas-Rhin le payait 75 fr. 06, les Vosges 77 fr. 40 et le Haut-Rhin 81 fr. 69 ! Ce sont là des prix de famine, et sous lesquels on entrevoit de terribles souffrances pour les populations [1].

Aujourd'hui, pour quelques francs, le blé parcourt en chemin de fer tout un continent, et nous arrive en bateau de l'Amérique et de l'Asie [2]. Le commerce épie nos besoins, et, guidé par son intérêt, les comble sans leur laisser le temps de s'aggraver. Tous les réservoirs à blé concourent à notre approvisionnement. Cette terrible question des subsistances, qui était l'angoisse de l'antiquité et qui suspendait la vie de tout un peuple à l'arrivée de la flotte de Sicile ou d'Afrique, se résout aujourd'hui à notre insu par la liberté commerciale et par le concours de tous les greniers du globe. Après

---

1. Dans une remarquable étude sur la *Criminalité comparée des villes et des campagnes*, M. le Dr Lacassagne, professeur à la Faculté de médecine de Lyon, a démontré, par ses relevés graphiques, que « les années dans lesquelles le prix du froment a été « élevé, sont indiquées par une hausse correspondante dans les crimes contre la pro- « priété », et il s'est cru autorisé à conclure qu'en régularisant et abaissant le prix des blés par la concurrence étrangère, « le *libre-échange avait ainsi diminué les « crimes contre la propriété* ». (1882. Lyon, imp. Mougin-Rusand.)

2. Le 13 octobre 1884, le fret par steamer *vià* canal était coté, à Calcutta, 26 fr. la tonne, soit, par hectolitre, 2 fr. (*Rapport de M. Risler sur la situation de l'agriculture dans l'Aisne en* 1884, p. 20.)

les mauvaises récoltes de 1875 à 1879, qui auraient jadis produit des hausses considérables, les prix ont à peine éprouvé de légères fluctuations, et sont restés en équilibre avec ceux des autres marchés, qui régularisent désormais les cours et en renferment la courbe dans une zone de plus en plus étroite.

8° — Droits de douane.

La dernière courbe du diagramme est relative aux droits de douane à l'entrée du froment.

Sous l'ancien régime, les mesures prises ont été inspirées bien plus par la préoccupation d'assurer les subsistances que par celle de protéger l'agriculture.

Jusqu'en 1819, l'importation des grains est restée libre, tandis que l'exportation a été le plus souvent prohibée, et toujours très étroitement réglementée.

Pendant toute la Révolution, la prohibition de la sortie des grains fut édictée et appliquée avec une extrême rigueur, qui allait jusqu'à la peine de mort. Elle se détendit sous l'Empire, et la loi du 2 décembre 1814 vint permettre l'exportation, quand les prix tomberaient au-dessous d'un certain niveau. Cette mesure n'eut guère lieu de s'appliquer pendant les disettes de 1816 à 1818, qui ramenèrent l'interdiction absolue de la sortie des grains.

Les récoltes devenant meilleures, et les prix tendant à s'avilir, les grands propriétaires, dont l'influence fut prédominante sous la Restauration, se plaignirent de l'invasion des blés russes et demandèrent une protection, qui leur fut accordée par la loi du 16 juillet 1819.

C'est cette loi qui a institué le système désigné sous le nom d'*Échelle mobile*.

Par suite de l'abondance des récoltes, les prix ayant continué à baisser, on taxa d'insuffisance la nouvelle loi, qui fut aggravée, dans le sens protectionniste, par la loi du 4 juillet 1821.

Enfin, après une réaction momentanée qui donna lieu à la loi du 20 octobre 1830, le système de l'échelle mobile a trouvé sa formule définitive dans la loi du 15 avril 1832, qui l'a régi jusqu'à sa suppression, en 1861.

A cause du rôle important qu'il a joué dans notre histoire économique et qu'il joue encore dans les discussions journalières sur la question du blé, il m'a semblé intéressant de définir ce système par un diagramme, qui montre clairement le mécanisme des droits tant à l'entrée qu'à la sortie, suivant les classes des départements frontières (*Annexe* n° 5).

L'échelle mobile se proposait avant tout de défendre les intérêts du producteur, mais sans sacrifier, disaient ses partisans, les intérêts du consommateur.

Dans ce système, le prix du froment sert à régler les droits d'entrée et de sortie. Dès que ce prix descend au-dessous d'un certain taux, le droit apparaît et s'accroît rapidement avec la baisse. Le cultivateur est donc protégé contre la concurrence étrangère dans les bonnes années, et quand la récolte est mauvaise, il l'est assez par la rareté elle-même pour pouvoir supporter la liberté des importations. — Voilà pour le producteur.

Quant au consommateur, il ne doit pas avoir moins à s'applaudir de cette réglementation, qui a tout prévu. Dans les cas d'abondance, en effet, qu'importent au public les droits douaniers, puisque le bas prix est garanti par les ressources du marché national? Au contraire, dans les années de pénurie, les barrières s'abaissent et laissent passer librement le blé étranger qui vient combler le déficit de la production intérieure.

En outre, comme les prix ne sont pas les mêmes partout à la fois, et comme les départements du Midi, — on l'a vu plus haut, — ne produisent pas assez pour leur consommation, l'échelle mobile les rangeait dans les deux premières classes avec des taux de 2 à 4 fr. plus élevés que ceux des deux dernières classes pour l'origine de l'application des droits, de façon à les livrer aux départements producteurs du Nord, comme un déversoir où ces derniers pussent écouler leur trop-plein.

Cette ingénieuse et savante combinaison n'a pu réaliser les séduisantes promesses de son programme, et s'est montrée également impuissante vis-à-vis des deux intérêts qu'elle s'était donné la mission de défendre.

Les prix limites des classes étaient mal établis; ils n'avaient pas d'harmonie avec les prix réels des marchés et incitaient les commerçants à toutes sortes d'expédients pour bénéficier des fissures et des incohérences du système entre les départements voisins[1].

Sous le régime de l'échelle mobile, de 1819 à 1861, le prix du blé est resté au-dessous de 20 fr. — prix nécessaire, dit-on, au cultivateur — pendant 27 années sur 42; il est descendu en moyenne au-dessous de 16 fr. en 1825, 1826, 1833 à 1835, 1849 et même, en 1850 et 1851, il est tombé, comme moyenne annuelle, à 14 fr. 48 et 14 fr. 32.

En 1835, notamment, les droits ont atteint des chiffres vraiment prohibitifs, et dont les énormes variations, à la fois, dans les divers mois de l'année et dans les diverses classes de départements frontières, jettent un jour fâcheux sur le système.

Ainsi, ces droits *par hectolitre* étaient, d'après le jeu de l'échelle :

	1re CLASSE.	3e CLASSE.	4e CLASSE.
En janvier	15f,25	9f,25	6f,25
En mars	13,75	7,75	6,25
En septembre	16,75	12,25	7,75

On comprend de reste quelles entraves un régime aussi instable devait apporter aux opérations du commerce, dont les calculs les plus sages pouvaient être déjoués par des oscillations imprévues de plusieurs francs, d'un port ou d'un mois à l'autre, sur le montant des droits d'entrée.

Cette même incertitude était plus funeste encore dans les années de mauvaise récolte, où, malgré la prétention théorique qu'avait l'échelle mobile de respecter les importations, elle les paralysait en réalité, ou du moins en retardait beaucoup l'afflux bienfaisant. Notre diagramme montre en effet que les arrivages de l'étranger ne coïncident pas avec les années de mauvaise récolte, mais retardent d'un an pour attendre que la hausse ait produit la réduction du droit, ce qui peut alors les mettre en face d'une bonne récolte, et aggraver la baisse, comme en 1832 et 1840. L'échelle mobile avait donc produit, par ces afflux tardifs et à contre-temps, ce double effet de

1. Voir l'enquête de 1858, le rapport de M. Rouher et celui de M. Cornudet.

déchaîner la hausse pour le consommateur dans l'année de disette et d'avilir les prix pour le cultivateur dans l'année d'abondance.

Il n'est, en effet, possible de prévenir les crises alimentaires qu'à la condition d'agir avant qu'elles soient déclarées et que la panique s'en mêle : *principiis obsta.* Les arrivages coïncident alors avec la mauvaise récolte, comblent les déficits, rassurent la population et maintiennent l'équilibre des prix. Mais ces opérations sont incompatibles avec l'échelle mobile. Le commerce régulier, qui ne veut pas courir les aventures, attend que la crise ait pris assez de consistance et que les souffrances soient assez aiguës, pour que son concours devienne indispensable et ne soit plus à la merci d'un caprice accidentel. Seulement, il le fait alors payer à plus haut prix, d'abord parce qu'il s'est laissé devancer sur les marchés d'approvisionnement par les pays librement ouverts à l'importation, ensuite parce qu'il lui faut improviser son outillage et son organisation et subir les à-coups des courants intermittents.

Les conséquences du système ont été à ce point désastreuses dans les années de disette, que deux fois, en dépit des théories et des intérêts, il a fallu le suspendre, pour assurer au commerce la sécurité et au pays le bienfait des importations.

En 1847, à la suite de la mauvaise récolte de 1846, la loi du 28 janvier a suspendu l'échelle mobile, qui n'a été rétablie qu'un an après, le 1er février 1848.

En 1853, nouvelle suspension prononcée par un décret du 18 août, qui a été successivement prorogé jusqu'au 30 septembre 1859. Cette mesure ayant été prise avec plus d'opportunité et de décision qu'en 1847, la crise fut beaucoup moins intense, et les prix moyens mensuels, qui avaient atteint 39 fr. 65 en 1847, ne dépassèrent pas 30 fr. 50 en 1853.

C'est à la suite de cette longue suspension qui, de 1853 à 1859, avait porté sur des années de disette et d'abondance, que la suppression de l'échelle mobile fut mise à l'étude en 1859 et définitivement réalisée en 1861.

L'échelle mobile a fait preuve d'une telle impuissance qu'elle ne garde plus aujourd'hui que de rares partisans, et que les défenseurs de l'agriculture demandent pour elle un droit fixe de 3 à 5 fr. par hectolitre. Mais ce droit pourra-t-il vraiment être fixe et subsister avec les mauvaises récoltes? Personne n'oserait le prétendre. Il est clair qu'avec un déficit comme celui de 1879, le premier soin du Gouvernement serait d'ouvrir toutes grandes nos frontières aux blés étrangers. Mais alors c'est l'échelle mobile qui reparaît avec toutes ses incertitudes pour le commerce et avec tous ses embarras pour le Gouvernement, rendu responsable de la cherté ou du bas prix du pain.

En résumé, le résultat de cette étude purement statistique concorde avec celui de l'étude agricole dont elle est là modeste annexe. Par suite des progrès du commerce et des voies de communication, les prix se régularisent et se nivellent, sans que leur moyenne se modifie sensiblement. Or, comme la rente du sol, les salaires et les exigences de la vie rurale se sont singulièrement accrus depuis cinquante ans[1], il est clair qu'il n'y a pas d'autre moyen d'équilibre que la hausse artificielle du blé, qui serait un malheur public, ou l'abaissement de son prix de revient, qui serait un bienfait pour tous. Cette baisse du prix de revient, M. L. Grandeau a montré par quel ensemble de réformes techniques, pédagogiques, fiscales, législatives et sociales, on pouvait et l'on devait la réaliser.

Ce programme est celui de la lutte virile et de l'initiative hardie, tandis que l'appel à la protection, excusable pour les industries naissantes, engourdit et énerve les industries adultes : je suis donc heureux de lui apporter, avec mon adhésion expresse, le concours des chiffres et des dessins, auxquels je remercie M. L. Grandeau d'avoir donné l'hospitalité à la suite de son remarquable travail.

1. On voit, dans le rapport déjà cité de M. Risler sur la situation de l'agriculture dans le département de l'Aisne en 1884, que, de 1840 à 1880, les salaires des ouvriers agricoles ont presque doublé, pendant que les fermages haussaient de 40 à 50 p. 100.

Depuis 1880, ces fermages semblent avoir baissé de 15 à 20 p. 100.

ESSAI GÉOLOGIQUE

SUR

LES TERRES A BLÉ

EN FRANCE ET EN ANGLETERRE

PAR A. RONNA

INGÉNIEUR

MEMBRE DU CONSEIL SUPÉRIEUR DE L'AGRICULTURE

La classification géognostique des sols, même en l'absence des renseignements sur leurs caractères physiques, leur état de sécheresse ou d'humidité, leur profondeur par rapport au sous-sol, leur dosage en matières organiques, le mode de culture auquel ils sont soumis, etc., est appelée à fournir d'utiles indications sur la valeur ou la fertilité des terres pour certaines cultures spéciales. Si elle ne peut dans tous les cas servir de règle, du moins, n'est-elle pas une abstraction, comme le pensait A. de Gasparin, au temps où les recherches géologiques et les données culturales étaient moins complètes qu'aujourd'hui.

La culture du froment, la plus importante des plantes cultivées, but principal que se propose presque partout l'agriculteur, nous a paru devoir offrir, sous le rapport des rapprochements entre les terrains géologiques, les sols arables, les emblavures, le rendement par hectare, le poids de l'hectolitre et les variétés de blé cultivées, un sujet particulièrement digne de recherches.

I. Les terres à blé de la France.

Les données statistiques officielles des années 1852 et 1879, c'est-à-dire d'une bonne année moyenne et d'une année inférieure, comparées à celles d'une année ordinaire qui figurent dans la *Statistique agricole* de la France de 1860, nous serviront de bases pour cette recherche, restreinte à 42 départements, qui sont naturellement ceux désignés comme présentant les emblavures annuelles et les récoltes les plus fortes. Ces départements offraient, en effet, pour l'année 1879, la moins productive des trois années mises en parallèle, 70 p. 100 de la surface totale ensemencée en blé et du produit total récolté en France. Cette année-là, les emblavures des 42 départements couvraient 4800000 hectares sur 6929000 et donnaient 57 millions sur 81 millions d'hectolitres de froment.

Sous le rapport géologique, les quatre septièmes des départements en question se rattachent aux formations secondaires : crétacée et jurassique.

La formation crétacée supérieure et inférieure occupe tout ou partie :

Au Nord et au Nord-Ouest : des départements de la Marne, de de l'Aisne, du Pas-de-Calais, de la Somme, de l'Oise, de la Seine-Inférieure, de l'Eure et d'Eure-et-Loir ;

A l'Ouest central : des départements d'Indre-et-Loire, de Maine-et-Loire, de la Charente, de la Charente-Inférieure et de la Dordogne ;

Au centre : de l'Yonne et du Cher ;

Au Sud-Ouest : de la Haute-Garonne ;

Et au Sud-Est : de l'Isère et de la Drôme.

La formation jurassique, comprenant ses trois étages, constitue en grande partie le sol de cinq départements à blé, et se trouve associée, dans quatre autres, à des roches appartenant à d'autres formations. Ce sont :

Au Nord-Est et à l'Est : la Meuse, Meurthe-et-Moselle, la Haute-Marne, la Côte-d'Or, Saône-et-Loire et l'Ain ;

A l'Ouest : la Vienne et les Deux-Sèvres ;

Au Nord-Ouest : le Calvados.

L'ensemble des emblavures, dans les 27 départements occupés par les terrains secondaires, représentait, en 1879, 3153000 hectares, ayant produit 37 millions d'hectolitres, ou un peu moins du tiers de la récolte totale.

Après les terrains secondaires, viennent, comme importance, ceux des formations tertiaires : miocène et éocène, y compris les dépôts quaternaires, qui embrassent neuf départements, savoir :

Le Nord et l'Oise appartenant à l'éocène ;

Seine-et-Marne, Seine-et-Oise, Eure et Loir-et-Cher ;

Indre-et-Loire, Maine-et-Loire et Allier ;

Au Midi : Lot-et-Garonne, Gers, Tarn-et-Garonne, Tarn et Haute-Garonne, où se rencontre le miocène.

Enfin, les autres départements, au nombre de six, qui cultivent le plus de froment, ont leur sol couvert en majeure partie par les roches de transition (dévonien et silurien) et les terrains primitifs (gneiss et granit). Ce sont, au Nord-Ouest et à l'Ouest, la Manche, l'Ille-et-Vilaine, la Mayenne, les Côtes-du-Nord, la Loire-Inférieure et la Vendée.

Pour compléter l'esquisse géognostique des 42 départements pris pour termes de comparaison, il convient de signaler dans la plupart d'entre eux la présence des couches post-diluviennes ou des alluvions qui forment le sol des vallées fertiles et des basses terres où prospère à la fois la culture des prairies et des céréales (Allier et Isère) ; des roches du *weald* (Meurthe), du lias (Drôme) et du trias (Meurthe et Allier).

Groupe crétacé. — Les 8 départements dont le sol appartient à la formation crétacée ont donné les résultats statistiques suivants :

	ANNÉE ordinaire.	1852. NOMBRE d'hectares.	1852. NOMBRE d'hectolitres.	1852. POIDS de l'hectolitre.	1879. NOMBRE d'hectares.	1879. NOMBRE d'hectolitres.	1879. POIDS de l'hectolitre.
	Hectol.			Kil.			Kil.
Aisne	2238000	134000	2433000	71,8	137000	2169000	72,4
Charente	1010000	104000	1079000	74,5	108000	1174000	76,7
Cher	1001000	90000	1056000	71	91000	1096000	74
Eure	1660000	117000	1812500	74	120000	1552000	74
Marne	1926000	123000	1974000	73	85000	1336000	73,7
Pas-de-Calais	2418000	135000	2403000	72	150000	2098000	72
Seine-Inférieure	2532000	120000	2386000	72,3	124000	1608000	76,4
Somme	1960000	97000	1910000	71,6	110000	1441000	75,2
Totaux	13745000	920000	15053500	»	925000	12504000	»
	A l'hectare.		A l'hectare.			A l'hectare.	
Moyennes	16 hectol.	»	16h,36	72k,5	»	13h,5	74k,3

En 1879, bien que les emblavures aient été plus considérables qu'en 1852, le rendement total a été inférieur de 3 millions et demi d'hectolitres environ, et le rendement moyen par hectare est descendu de $16^h,36$ à $13^h,5$; mais le poids moyen de l'hectolitre s'est élevé de $72^k,5$ à $74^k,3$.

Ces départements sont caractérisés par leur sol calcaire et argilo-calcaire ou siliceux. L'argile y repose sur les masses calcaires ou pierreuses, ou bien y alterne avec les marnes, les sables et silex. Presque tous sont plats, ou formés par des plateaux et des plaines ondulées. Le plateau du Berri dans le Cher, le Vexin normand et la plaine du Neubourg dans l'Eure; le pays de Caux dans la Seine-Inférieure; les plaines du Vineux et du Santerre, grenier de la Picardie; les bassins de la Dronne et du Lary dans la Charente, sont spécialement favorisés pour la culture du froment.

Relativement aux variétés de froment qui la distinguent, signalons la belle variété du *blé de haie,* convenant aux localités maritimes et qui s'est répandue, de longue date, dans le Pas-de-Calais, la Somme et la Seine-Inférieure; très productive dans les terres riches de la Flandre, du Bourbonnais et de la Normandie, elle est recherchée pour son grain par la meunerie. Le *blé rouge* ordinaire est aussi, de longue date, cultivé sur les sols argileux du Nord.

Groupe crétacé-jurassique. — Les résultats statistiques des 10 départements où les terrains crétacés sont alliés aux roches jurassiques, sont consignés dans le tableau ci-après :

	Année ordinaire.	1852. Nombre d'hectares.	1852. Nombre d'hectolitres.	1852. Poids de l'hectolitre.	1879. Nombre d'hectares.	1879. Nombre d'hectolitres.	1879. Poids de l'hectolitre.
	Hectol.			Kil.			Kil.
Charente-Inférieure.	1574000	152000	1660000	73,1	147000	1765000	74
Dordogne . .	1198000	135000	1222000	76,4	140000	784000	71,6
Drôme. . . .	1315000	120000	1308000	73,6	110000	990000	72
Eure-et-Loir .	1680000	104000	1686000	73,2	110000	1762000	76
Haute-Garonne. .	1504000	129000	1563000	75,1	137000	1096000	75,8
Indre-et-Loire.	1306000	102000	1358000	70	107000	911000	78
Isère	1137000	94000	1125000	73,8	113000	1772000	74
Maine-et-Loire	2573000	164000	2660000	71,8	170000	1700000	75
Oise.	1975000	99000	1980000	73,2	101000	1572000	73,3
Yonne. . . .	1553000	111000	1608500	72,9	117000	1409000	76
Totaux. . . .	15815000	1160000	16170500	»	1252000	13761000	»
	A l'hectare.		A l'hectare.			A l'hectare.	
Moyennes. .	$13^h,5$	«	$13^h,9$	$73^k,3$	»	11 hectol.	$74^k,6$

Ces départements se distinguent, pour la plupart, par de riches plaines et des plateaux, tels que : la Beauce, dans Eure-et-Loir, qui occupe plus de 50000 hectares de terres spécialement favorables à la culture des céréales, et a longtemps passé pour le grenier de la capitale ; les Varennes, dans Indre-et-Loire ; comme aussi par des vallées d'une grande fertilité : celles de l'Oise, de la Loire, de l'Authion (Maine-et-Loire), de la Charente, de la Dordogne et de l'Isère, bien connue sous le nom de Grésivaudan.

Le sol y est calcaire, sablonneux, ou argilo-sableux et enrichi par les dépôts d'alluvions qu'entraînent les cours d'eau qui les traversent.

Les variétés de froment à signaler sont nombreuses. Parmi celles que recherchent les cultivateurs de la Beauce et de la Brie, on compte : le *blé Chiddam* qui végète très bien sur les terres calcaires riches et un peu légères ; le *blé barbu d'hiver,* à grain fourni de gluten ; le *poulard gros rouge,* à grain lisse, glacé et à paille forte ; le *poulard roux velu,* également à grain glacé. C'est à Maine-et-Loire qu'on rapporte l'origine du *blé de Saumur* qui exige des terres saines, de bonne qualité. Cette variété précoce s'est répandue de l'Anjou, dans la Beauce et les environs de Paris. La belle variété du *blé rouge de l'aigle,* connue aussi sous les noms de Saint-Laud, d'Angers, de Saumur, réussit sur les terres argilo-schisteuses ou schisteuses froides de la Mayenne. Le *poulard rouge d'Anjou* et le *blé aubrou blanc,* ou poulard à branches caduques, se cultive avec profit sur les terres calcaires ou chaulées de l'Anjou ; tandis que l'ancienne variété du *poulard blanc velu,* aussi vigoureuse que productive, convient surtout aux sols fertiles, mais plutôt légers que compacts, de la Touraine.

Enfin, à la vallée de la Garonne se réfère la culture de la remarquable variété *touzelle blanche* qui, comme blé d'automne, a pris du développement dans la Dordogne et la Provence.

Groupe jurassique. — Cinq départements cultivent le froment sur un sol en grande partie jurassique. Sur les 530000 hectares emblavés dans ces départements, on a récolté en 1879, 6244000 hectolitres, soit 11^{h},7 à l'hectare. En 1852, le rendement avait atteint 12^{h},43.

	ANNÉE ordinaire.	1852. NOMBRE d'hectares.	NOMBRE d'hectolitres.	POIDS de l'hectolitre.	1879. NOMBRE d'hectares.	NOMBRE d'hectolitres.	POIDS de l'hectolitre.
	Hectol.			Kil.			Kil.
Calvados. . .	1711000	109000	1864000	74,9	95000	1432000	76,1
Côte-d'Or . .	1580000	133000	1674000	72,8	132000	1648000	76
Haute-Marne .	1556000	100000	1021000	61	97000	1174000	74
Meuse. . . .	1340000	115000	1360000	71,3	98000	912000	75
Vienne . . .	1149000	111000	1120000	72	108000	1078000	80
Totaux . . .	7336000	568000	7039000	»	530000	6244000	76,2
	A l'hectare.		A l'hectare.			A l'hectare.	
Moyennes .	12h,9	»	12h,4	72k,6	»	11h,7	76k,2

En raison de la proximité des formations plus anciennes, le sol est plus accidenté, sauf dans le Calvados et la Vienne. Constitué par l'argile et le calcaire, il est varié par les grès, les schistes et les roches primitives dont les débris modifient la composition et la fertilité. En dehors du Calvados, où la plaine de Caen cultive le blé de temps immémorial, la Côte-d'Or, la Haute-Marne et la Meuse, tout en offrant des plaines favorables à la culture des céréales, produisent surtout le blé dans les vallées d'alluvions ou arrosées : de la Saône, de l'Armanzon, de la Marne et de ses affluents, de la Meuse, etc. Au pied du plateau de Langres, d'où coulent en sens opposés la Marne, la Saône et la Meuse, l'ancien pays de Bassigny recouvrant les terres marneuses a été toujours renommé pour ses céréales.

Comme variétés de froment particulières, il importe de signaler le *chicot de Caen,* productif sur les sols de bonne qualité, qui s'est étendu du Calvados à la Manche et à la Bretagne comme blé marselage, à semer de bonne heure ; le *blé barbu d'hiver* ou de Caen, qui fournit un grain riche en gluten, recherché des minotiers ; on le cultive également dans la Beauce, la Brie, la Bresse, le Lot-et-Garonne et la Vienne.

Le *blé blanc* de la Vienne, correspondant aux poulards blancs du Gâtinais, du Blaisois, est le plus estimé parmi ceux qui exigent des sols argilo-calcaires riches, et en même temps le plus productif.

Groupe jurassique mixte. — Les quatre autres départements où la formation jurassique est associée à d'autres terrains, à savoir : aux quaternaire et crétacé (Ain), au trias (Meurthe), aux gneiss et aux granits (Saône-et-Loire et Deux-Sèvres), ont donné sur 446000 hectares emblavés en 1879, une récolte de 4655000 hectolitres, soit un rendement moyen de 10^{h},4 de blé à l'hectare.

	ANNÉE ordinaire.	1852. NOMBRE d'hectares.	NOMBRE d'hectolitres.	POIDS de l'hectolitre.	1879. NOMBRE d'hectares.	NOMBRE d'hectolitres.	POIDS de l'hectolitre.
	Hectol.			Kil.			Kil.
Ain.	1172000	101000	1137000	73,6	92000	1107000	76,1
Meurthe . . .	1511000	103000	1498000	71,2	87000	695000	74
Saône-et-Loire . .	1854000	132000	1820000	75	132000	1504000	76
Deux-Sèvres .	1501000	95000	1423000	70,9	135000	1349000	75
Totaux . . .	6038000	431000	5878000	»	446000	4655000	»
	A l'hectare.		A l'hectare.			A l'hectare.	
Moyennes .	14 hectol.	»	13^{h},6	72^{k},7	»	10^{h},4	75^{k},2

Le sol de ces départements, relevé en partie par les montagnes et les collines, offre le calcaire comme roche dominante, allié avec l'argile souvent froide et rebelle, les marnes et les schistes, les grès et le granit. La Bresse et la Dombe (Ain); les bassins de la Seille, de la Moselle, de la Vezouse (Meurthe), etc., figurent dans ces départements à géologie variée. C'est à l'emploi de la chaux que Saône-et-Loire doit l'extension des cultures de froment; sur le versant entre Châlon et Mâcon se développent les grasses plaines à blé et à maïs, transformées par le calcaire.

Groupe tertiaire. — Les départements, au nombre de neuf, dont le sol appartient aux formations tertiaires, avaient emblavé, en 1879, 986000 hectares et récolté 11458000 hectolitres de blé, correspondant à un rendement moyen de 11^{h},6 à l'hectare.

	ANNÉE ordinaire.	1852. NOMBRE d'hectares.	NOMBRE d'hectolitres.	POIDS de l'hectolitre.	1879. NOMBRE d'hectares.	NOMBRE d'hectolitres.	POIDS de l'hectolitre.
	Hectol.			Kil.			Kil.
Allier . . .	862000	79000	896000	73,8	81000	1050000	77
Gers	1564000	165000	1704000	76,4	141000	1023000	79
Loiret. . . .	1102000	81000	1124000	74,3	78000	1214000	75
Lot-et-Garonne. .	1625000	142000	1726000	75,1	139000	834000	78
Nord	3090000	135000	3094000	75,4	137000	2488000	73,2

	ANNÉE ordinaire.	1852. Nombre d'hectares.	1852. Nombre d'hectolitres.	1852. Poids de l'hectolitre.	1879. Nombre d'hectares.	1879. Nombre d'hectolitres.	1879. Poids de l'hectolitre.
	Hectol.			Kil.			Kil.
Seine-et-Marne. .	2036000	100000	2064000	72,8	106000	1690000	75
Seine-et-Oise.	1986000	93000	2044000	73,8	85000	1524000	74
Tarn	985000	85000	946000	74,6	107000	962000	80
Tarn-et-Garonne .	1152000	98000	1216000	75,6	112000	673000	76
Totaux . . .	14402000	978000	14814000	»	986000	11458000	»
	A l'hectare.		A l'hectare.			A l'hectare.	
Moyennes . .	$14^h,7$	»	$15^h,1$	$74^k,6$	»	$11^h,6$	$76^k,3$

Dans ces départements où, pour la plupart, la culture est des plus avancées, le sol se caractérise par l'argile alliée tantôt avec le calcaire et la marne, tantôt avec les sables et les alluvions. Là où le pays est plat, comme dans le Nord, Seine-et-Marne, Seine-et-Oise, Loiret, les terres grasses, avec sous-sols de marnes, de sables ou de graviers, sont particulièrement favorables à la culture du froment.

Dans le département du Nord, la couche arable, formée d'un mélange d'argile ou de sable, avec sous-sol calcaire, constitue le plus beau pays de culture de la France au point de vue du froment. Dans Seine-et-Marne et Seine-et-Oise se rencontrent les belles fermes à céréales de plusieurs centaines d'hectares, où le sol argilo-sableux recouvre la formation calcaire. La Brie, le Gâtinais, le Vexin Français, les fertiles vallées de la Seine et de la Marne, appartiennent à ces départements. Dans les autres, à relief accidenté, l'Allier, le Gers, le Lot-et-Garonne, le Tarn, le Tarn-et-Garonne, les céréales se cultivent surtout avec profit sur les basses terres et au fond des vallées où les alluvions et les graviers sont mêlés avec les argiles et les marnes. La belle vallée de l'Allier offre un type de culture dû à cette nature de terre arable.

Aux départements du Nord se rattachent les variétés du *blanc blé de Flandre,* qui doit sa grosse production aux terres profondes et bien exposées de la région; du *blé d'hiver ordinaire,* ou blé de Crépi, et de son analogue, le *blé du Gâtinais,* qui exigent des terres assez fortes; du *blé poulard du Nord,* ou géant de Lille, dont le beau grain est recherché pour la fabrication d'un pain d'excellente qualité; du blé *Chiddam* acclimaté avec succès sur les bonnes terres de la Brie.

Aux départements du centre et du midi, se rapportent les variétés de blé que le commerce connaît et apprécie de longue date sous les noms de Bourbonnais (Allier), du Quercy (Tarn-et-Garonne), de l'Albigeois (Tarn), d'Armagnac (Gers).

Dans le Tarn-et-Garonne, le *blé pétanielle blanche* ou poulard blanc, et le *gros blé,* à grain plein, dur et rougeâtre de Montauban, prospèrent sur les terres franches, légèrement sableuses que l'on retrouve dans les vallées de la Garonne, de la Bayse, de la Dropt, du Lot, etc. Au Gers revient la culture ancienne du *blé bleu de Noé,* très précoce et productif, qui s'est répandu dans tout le Midi.

Groupe primaire. — Il reste à examiner les départements où le blé est cultivé sur les terrains de transition, associés aux terrains primitifs. Au nombre de six, ces départements avaient, en 1869, emblavé 662,000 hectares et récolté 8,666,000 hectolitres, soit un rendement moyen de 13 hectolitres de froment à l'hectare.

	ANNÉE ordinaire.	1852.			1879.		
		NOMBRE d'hectares.	NOMBRE d'hectolitres.	POIDS de l'hectolitre.	NOMBRE d'hectares.	NOMBRE d'hectolitres.	POIDS de l'hectolitre.
	Hectol.			Kil.			Kil.
Côtes-du-Nord.	966000	70000	1013000	72,8	80000	1100000	76
Ille-et-Vilaine.	1146000	105000	1094000	70,8	124000	1360000	73,1
Loire-Inférieure.	1466000	116000	1406000	72,4	96000	1248000	77
Manche . . .	1546000	109000	1545500	73,5	99000	1144000	74
Mayenne. . .	1316000	92500	1321000	69,2	107000	935000	73
Vendée . . .	1833000	130000	1854000	70	156000	2879000	71,4
Totaux . . .	8273000	622500	8233500	»	662000	8666000	»
	A l'hectare.		A l'hectare			A l'hectare.	
Moyennes .	13h,2	»	13h,2	71k,4	»	13 hectol.	74k,1

Le sol de ces départements se différencie des précédents par les schistes en mélange avec les débris des roches primitives et les alluvions. Le relief formé par des collines alternant avec des plaines, et par des vallons confinant à des landes, des bruyères et des marais, y restreint la culture du froment aux plaines tertiaires à sous-sol schisteux et calcaire, enrichies par les débris de formations granitiques.

Le littoral des Côtes-du-Nord, grâce à la tangue calcaire et aux varechs, forme la *ceinture dorée* où s'étendent à perte de vue, en face de l'Océan, les cultures des céréales. Outre les territoires de Lannion (Côtes-du-Nord), de Vitré et de Saint-Malo (Ille-et-Vilaine), de Retz (Loire-Inférieure), il convient de mentionner ceux non moins fertiles pour les céréales de Valognes et de Saint-Lô (Manche), de Laval (Mayenne) et du Marais (Vendée).

Comme résumé de ces données, la comparaison des rendements des deux années 1852 et 1879 avec ceux d'une année ordinaire, tendrait à établir que le rendement moyen à l'hectare est le plus élevé dans les départements dont le sol est formé exclusivement par la craie (15^h,28), et, en deuxième ligne, dans ceux appartenant à la formation tertiaire (13^h,8). Quant aux départements situés sur les formations de transition et primitives, le rendement moyen (13^h,1) s'écarterait peu du précédent. Enfin, dans les départements où les formations jurassique seule, ou jurassique et crétacée, sont associées à d'autres roches plus pauvres sous le rapport minéral, le rendement moyen se maintient entre 12^h,3 et 12^h,8.

Ainsi, l'étude géologique des départements producteurs du blé en France confirmerait les faits déjà connus des praticiens, à savoir que les roches calcaires ou argilo-calcaires constituent les meilleures terres à froment ; que les terres argilo-sableuses, généralement trop légères, ne se prêtent avec profit à la culture du blé que si elles reposent sur un sous-sol calcaire, ou si elles sont chaulées. En étendant cette étude aux façons de culture que reçoit le sol, on reconnaît que les terres trop compactes, par excès d'argile, ou trop calcaires ne se transforment en bonnes terres à blé que par des labours profonds entamant le sous-sol ; et de même que les terres silico-calcaires ne s'approprient à cette culture que si le sous-sol est suffisamment perméable.

Ces déductions ne manquent pas d'analogie avec celles auxquelles Hundeshagen avait été conduit, il y a quarante ans, dans son essai de classification des terres au point de vue de la fertilité. C'est ainsi que, rangeant toutes les roches en quatre classes suivant leur degré de fertilité pour la culture forestière, il avait compris :

Dans la 1re classe des roches formant les sols les plus riches :

1° toutes les formations calcaires et en première ligne le tuf; 2° les couches secondaires de gypses et de marnes diverses ; 3° les schistes magnésiens et argileux; 4° la marne oolithique renfermant plus de 10 p. 100 de chaux, etc. Dans ces sols, suivant Hundeshagen, les essences les plus exigeantes, le hêtre, le charme, le tilleul, le sapin, etc., croissent même sans mélange d'humus ou d'engrais. Les bonnes plantes qui y végètent vigoureusement, révèlent et exigent un sol fécond.

Dans la 2e classe des sols de fertilité moyenne se rangent : 1° les schistes argileux pauvres en chaux, en magnésie et en oxyde de fer ; 2° le granit et le gneiss ; 3° le schiste siliceux, etc. Dans les sols de cette classe, les essences exigeantes ne prospèrent qu'à la condition d'amendements ou de fumures ; les autres essences plus sobres, le frêne, l'aune, l'érable, etc., et les arbrisseaux s'y développent fréquemment.

Les deux dernières classes n'offrent pas d'intérêt pour nos déductions qu'il y a lieu de compléter par celle qui assignerait, d'après les rendements statistiques que nous avons rapportés, le poids moyen de l'hectolitre de blé le plus élevé aux terrains tertiaires (75k,45); puis aux terrains jurassiques (74k,4), aux terrains crétacés (73k,15); et le moins élevé aux terrains primaires ou de transition (72k,75).

Quoique sujettes à la critique, étant donné que les bases statistiques elles-mêmes peuvent être, à juste titre, discutées, les conclusions de l'étude géognostique des départements français qui produisent le plus de blé, si elles étaient corroborées par celles d'un autre pays, tel que l'Angleterre ou l'Allemagne, ne manqueraient pas d'intérêt pour délimiter les zones dans lesquelles la culture du froment devrait se maintenir et surtout se développer avec succès.

II. — Les terres à blé de l'Angleterre.

Il est encore moins facile pour l'Angleterre, où se retrouvent les terrains et les couches diverses appartenant à toutes les formations, que pour la France, de distinguer nettement les sols agricoles, à cause des transitions soudaines de terres légères aux terres fortes, ou du mélange, sur les mêmes points, d'argiles, de sables et de calcaires.

La multiplicité des sols formés par la décomposition des roches sous-jacentes et la moindre étendue des couches régulières que recouvrent les débris d'autres terrains, offrent un obstacle sérieux à la classification géognostique des terres à blé.

En cherchant toutefois à appliquer la même méthode, qui consiste à comparer les grandes divisions géologiques avec les conditions de production des districts où domine la culture du froment, on constate à première vue que c'est dans la partie orientale de l'Angleterre, plus encore que dans le centre et le midi, où abondent les argiles et les calcaires, que cette culture s'est principalement assise.

Le climat, du reste, justifierait non moins que la nature du sol, cette observation de fait. En effet, le climat de la partie orientale est plus sec ; la chaleur et la sécheresse y sont plus grandes en été et au printemps, et comme le sol y est plus profond, un excédent de chaleur convient mieux à la culture du blé et de l'orge, que dans la partie occidentale.

En évaluant à 1 million et demi d'hectares en moyenne l'étendue des emblavures de l'Angleterre et du pays de Galles, on trouve que la moitié de la production du blé de la Grande-Bretagne, estimée à 39 millions d'hectolitres, provient de 11 comtés, dont 7 formant la côte orientale de l'Angleterre, à savoir, le district Est de Yorkshire, Lincoln, Norfolk, Suffolk, Essex, Kent et Sussex. Si l'on ajoute les comtés de Cambridge, de Hampshire, Wiltshire et Gloucester, la production des 11 comtés s'élève à 19 millions d'hectolitres.

Dans le Lincolnshire seulement, on récolte annuellement 3770000 hectolitres de blé, c'est-à-dire au delà d'un cinquième, en plus, de la production réunie de l'Écosse et de l'Irlande.

26 comtés de l'Angleterre[1] affectent 10 p. 100 et au delà de leur territoire à la culture du froment, sans qu'aucun, sauf les comtés de Warwick et de Worcester, ait plus d'un tiers de sa surface en blé.

Le tableau suivant donne, en regard de chacun de ces 26 comtés classés suivant les formations auxquelles leurs sols appartiennent, les proportions pour 100 que la culture du blé occupe par rapport à la surface totale et à la surface arable, ainsi que les surfaces effec-

1. Dans ces 26 comtés sont compris ceux de Surrey et de Leicester qui consacrent seulement 9.5 p. 100 de leur surface totale au blé.

	COMTÉS.	RAPPORT p. 100 des emblavures à la surface totale.	à la surface arable.	SURFACE totale du comté.	SURFACE emblavée.	PRODUCTION de froment.	RENDEMENT MOYEN à l'hectare en froment.
	Formations crétacée et tertiaire.						
				Hectares.	Hectares.	Hectolitres.	Hectol.
1	Kent.	10.6	26.04	420450	44568	1,337000	30
2	Sussex.	11.2	27.58	390910	43782	1,226000	28
3	Surrey.	9.5	25.40	193430	18376	478000	27
4	Hampshire . . .	10.8	21.77	433000	46763	1,216000	27
5	Berks	14.3	25.44	202740	24992	700000	28
6	Wilts	11.9	24.63	374320	44544	1,158000	27
7	Hertfort	15.9	25.85	158230	25158	654000	27
8	Buckingham. . .	13.0	29.14	188580	24715	643000	27
9	Oxford.	13.3	23.58	191000	25400	711000	28
10	Bedford	18.0	30.20	119380	21488	602000	28
11	Cambridge . . .	24.9	33.24	210430	52900	1,534000	29
12	Essex	18.3	30.80	428950	78488	2,276000	29
13	Suffolk.	16.4	25.78	383220	62768	1,632000	27
14	Norfolk	15.0	24.50	547920	82189	2,302000	28
	TOTAUX. . .	»	»	»	614131	16,469000	
	Formations jurassique et liasique.						
15	Huntingdon. . .	21.2	32.91	92670	19646	570000	29
16	Northampton.. .	13.0	30.50	254940	33143	961000	29
17	Rutland	11.0	25.34	38450	4229	118000	28
18	Lincoln	18.1	31.64	718290	130010	3,770000	29
19	York (district Est)	17.0	26.11	312000	53040	1,538000	29
	TOTAUX . . .	»	»	»	240068	6,957000	
	Formation triasique mixte.						
20	Nottingham . . .	14.1	26.50	212860	30013	840000	28
21	Leicester. . . .	9.5	28.00	208000	19760	553000	28
22	Warwick	14.1	34.14	227830	32124	890000	28
23	Worcester . . .	15.2	35.76	191000	29033	813000	28
24	Gloucester . . .	12.0	29.05	325760	39090	1,016000	26
	TOTAUX . . .	»	»	»	150020	4,112000	
	Formations dévonienne et silurienne.						
25	Shropshire . . .	10.9	28.00	334260	36434	911000	25
26	Hereford. . . .	11.3	31.47	216095	24419	610000	25
	TOTAUX . . .	»	»	»	60853	1,521000	

tives, le rendement moyen en hectolitres par hectare, et la production totale en hectolitres.

Les données de ce tableau ont été empruntées aux *Returns* (statistiques) du *Board of Trade* (1868-1871) et au mémoire de M. William Tapley sur l'agriculture comparée de l'Angleterre et du pays de Galles[1], en 1869.

Les observations qui font suite au tableau sur la nature des sols et les systèmes de culture ayant pour base le froment, ont été puisées, en grande partie, dans le savant mémoire de John Algernon Clarke sur l'agriculture pratique de l'Angleterre et du pays de Galles[2], publié à l'occasion du congrès agricole international qui fut tenu à Paris en 1878.

Groupe crétacétertiaire. — Sur les 26 comtés producteurs de blé, le sol de 14 d'entre eux appartient à la formation crétacée, recouverte en plus ou moins grande partie par les terrains tertiaires.

D'une part, dans les comtés du Sud-Est, la craie supérieure, laissant émerger les marnes, les sables verts et le gault, est surmontée, tantôt par les argiles de Londres, plastiques et du weald, tantôt par les sables de Hastings et de Bagshot. D'une manière générale, on peut dire que la nature argileuse du sol, sur sous-sol calcaire, s'approprie mieux dans ces comtés à la culture du blé et de l'orge qu'à celle des fourrages et des racines.

Dans le seul comté du Sud-Ouest, le Wiltshire, la formation crétacée supérieure fait place, au midi, aux grands plateaux calcaires jurassiques, parmi lesquels figure la plaine à céréales de Salisbury.

D'autre part, au centre sud, les terrains crétacés sont associés, par les sables verts et le gault, tantôt avec l'argile de Londres, tantôt avec les argiles non moins tenaces du lias, enfin, avec certaines strates jurassiques.

Enfin, à l'Est, les comtés qui ont la craie et les marnes crayeuses pour sous-sol, offrent des terres fortes au contact de l'argile de

1. *Journal Roy. Agric. Soc. of. England.* 2e série, t. VII, 1871.
2. *Journal Roy. Agric. Soc. of. England.* 2e série, t. XIV, 1878.

Londres ; ou des terres légères, avec les sables de Bagshot. Dans le Suffolk, le miocène (crag rouge et corallin), donne des loams particuliers, et dans le Norfolk, les alluvions forment de grandes plaines sablonneuses caractéristiques.

Quelques-uns des comtés à formation crétacée méritent, comme type de sols et de cultures, une mention spéciale.

Comtés du Sud-Est. Kent. — Ainsi, dans le comté de Kent, le sol comprend trois divisions : premièrement la craie, avec argile de Londres et une bande de gault, qui donne des terres fortes sur lesquelles le blé revient deux fois en cinq ans; deuxièmement les sables verts ; troisièmement les argiles du weald et les sables ferrugineux de Hastings, avec plaines alluviales, où le blé cède le pas au houblon.

Sur les marais de Rouwey et les terres fortes des plaines de Walland qui s'étendent jusqu'à la mer, la culture du blé s'alterne avec celle des pois, des féveroles ou des turneps.

Sussex. — Le comté de Sussex se distingue, au point de vue du sol, par ses argiles du weald et ses sables. Sur les terrains du weald, les argiles tenaces et humides sont cultivées d'après un système de jachère d'été, fumées et chaulées pour blé, suivi de trois ou quatre autres céréales. La chaîne de dunes crayeuses au Sud et à l'Ouest, forme également des bandes de sols riches reposant sur le sable vert, et des loams sur l'argile plastique, où la culture du blé est très développée.

Surrey. — La région de la craie et du sable vert, comprenant une grande étendue de dunes, dans le comté de Surrey, se prête admirablement à la culture du froment, que les variétés de Chiddam blanc et de Talavera ont rendue célèbre. Sur les terres fortes de l'argile de Londres, au Nord du comté, la jachère pour culture de blé forme la base de l'assolement ; tandis que sur les loams sablonneux, le blé ne vient dans l'assolement quinquennal qu'après le trèfle et les autres fourrages verts.

Hampshire. — Le Hampshire est placé géologiquement sur les terrains crétacés, tertiaires et quaternaires ; ce qui donne lieu à trois divisions naturelles dont la plus importante est le district crétacé, au milieu duquel tous les assolements, sur les terres fortes de bonne qualité, tendent aux mêmes résultats : beaucoup de blé et beaucoup de moutons. Dans le district éocène du Nord, avec loams argileux, mélangés de sables et de graviers qui recouvrent l'argile plastique (*woodlands*), le blé vient, par l'assolement suivi, trois fois en huit ans. Le district éocène du Sud, longeant la craie et amendé par elle, pratique l'assolement sexennal avec deux soles de blé.

Comté du Sud-Ouest. Wilts. — Dans le Wiltshire, deux grandes divisions agricoles correspondent à la formation crétacée au Sud-Est, et à la formation jurassique au Nord-Ouest.

Sur les sols crayeux où se trouvent les grandes exploitations, avec terres légères des sables verts, ou loams riches du gault, les systèmes d'assolement tendent indistinctement vers la culture du blé ; les sols profonds donnent une récolte alternativement tous les deux ans. Dans les sols jurassiques argileux, les récoltes de blé viennent seulement dans l'assolement triennal.

Comté du centre Sud. Oxford. — Le comté d'Oxford, avec son bassin d'argile oxfordienne, tenace, adhésive et rebelle, la grande oolithe sur une vaste étendue, l'oolithe inférieure au Nord, les terrains crayeux des collines de Chiltern au Sud, ne représente pas à proprement parler un district de la formation crétacée. Aussi, la variété des systèmes de culture y est-elle considérable.

Sur les sols crayeux et argileux de Chiltern, l'assolement quadriennal prévaut avec sole d'orge et d'avoine après blé ; tandis que sur les terres fortes et compactes, le même assolement comporte le blé après jachère ensemencée de vesces, ou bien après trèfle.

Comtés de l'Est. — Les comtés de l'Est, auxquels pourrait se rattacher celui de Cambridge qui produit 1 million et demi d'hectolitres, se caractérisent par leurs récoltes abondantes de froment.

Essex. — Dans Essex, les terres fortes et les loams argileux prédominent sur les marnes crayeuses, l'argile de Londres et l'argile plastique. L'assolement quadriennal comprend le blé après sole de fèves et trèfle. Sur les loams légers, l'assolement quinquennal introduit deux céréales successives.

Suffolk. — Le Suffolk exploite pour blé, d'une part, les loams argileux qui reposent sur la marne crayeuse ou sur les alluvions, occupant la plus grande partie du comté et connue sous le nom de

Woodlands; et, d'autre part, les sols légers reposant sur la craie et le gravier, formant la région de l'Ouest (*Fieldings*). Le blé entre dans les assolements les plus variés de 4 ans, après trèfle, fèves ou pois, ou bien après fourrages de ray-grass, de sainfoin ou de minette.

Norfolk. — Dans le Norfolk, des plaines à perte de vue, avec sol sableux, léger, peu profond, reposant sur les marnes et les couches inférieures du crétacé, sont exploitées par la grande culture, d'après le fameux assolement quadriennal qui comporte le blé après les fourrages artificiels, et plus récemment, le blé, au lieu de l'orge, après la sole des racines.

Une grande partie du comté, à l'Ouest, couverte de sable ou de loam caillouteux, se change au Nord-Est en loams riches de la plus grande fertilité. C'est sur quelques points seulement du centre et du Sud-Est que le blé se cultive sur les terres fortes et argileuses (argile de Kimmeridge) et les terres mixtes.

La merveilleuse transformation de la région du Norfolk, où autrefois le seigle pouvait seul prospérer et qui montre depuis cinquante ans les plus belles récoltes de blé, à côté d'un bétail de premier choix, est l'œuvre du système d'Arthur Young, appliqué par son ami Coke, créé pair du royaume et comte de Leicester. Du Norfolk, les améliorations dans l'assolement se sont étendues aux comtés voisins au bénéfice de la culture du froment et de l'élève des animaux.

L'ensemble des 14 comtés où domine la formation crayeuse, associée aux dépôts tertiaires et quaternaires, consacre annuellement 614,000 hectares à la culture du froment et récolte 16 millions et demi d'hectolitres, soit environ 42 p. 100 de la production totale de la Grande-Bretagne. Le rendement moyen par hectare étant compris entre 27 et 30 hectolitres et au delà, est plus que double de celui obtenu en France sur les terrains de même formation.

Groupe jurassique-liasique. — Les formations jurassique et liasique sont représentées au Nord et au centre par cinq comtés, dont deux très importants comme producteurs de blé, le Lincolnshire et le Yorkshire (district Est).

Tandis que les comtés de Huntingdon et de Northampton sont entièrement occupés par le jurassique, le sol du Lincoln et du Rutland est recouvert en grande partie par les terrains modernes du pliocène, les grès et argiles du weald et les argiles du lias. Dans le comté d'York, district Est, le lias est associé aux dépôts quaternaires, à l'argile de Londres et aux marnes du nouveau grès rouge.

Grâce aux travaux d'assainissement et aux digues qui protègent les terres contre les marais, l'ancienne région des marais, qui formait les comtés de Lincoln et de Huntingdon, figure parmi les plus richement cultivées de l'Angleterre, à côté des *wolds,* plateaux arides et nus, à sous-sol calcaire et des argiles de Kimmeridge avec lesquels la culture lutte avec succès.

Lincolnshire. — Deux bassins divisent le comté de Lincoln, si remarquable par son rendement en froment, celui des collines oolithiques traversant du Nord au Sud, connu sous les noms de *Heath* et *Cliff;* et le bassin des collines crayeuses ou *wolds* qui coupent les autres perpendiculairement.

Les hautes terres du district Heath et Cliff reposent presque exclusivement sur la grande oolithe ; elles sont sablonneuses, profondes et de coloration rouge.

Les *wolds,* reposant sur la craie, consistent en loams sableux, avec cailloux siliceux, et sur une grande étendue vers l'Est, en loams formés de dépôts d'argiles post-tertiaires et de graviers (*drift*). Cette dernière région porte le nom de *Middlemarsh,* ou marais du milieu.

Sur les *wolds,* l'assolement quadriennal ou quinquennal comporte comme dernière sole, le blé, après une ou deux années de fourrages artificiels. Sur les loams argileux du *Marais,* les assolements très irréguliers introduisent, le plus souvent, le blé deux fois en cinq ans : la première fois après jachère, la seconde fois après fèves, pois ou avoine.

La vallée de la Trent en pleine argile du lias, avec sables et graviers et nouveau grès rouge, et la vallée centrale en argile oxfordienne recouverte par les dépôts post-tertiaires du *drift,* sont également soumises, pour le blé, à l'assolement quadriennal.

Yorkshire. — Le *East Riding* ou district Est du Yorkshire se caractérise par trois formations : celle des *wolds* faisant suite à la chaîne du Lincolnshire ; celle des argiles mélangées de graviers, de sables et d'alluvions dont Holderness est le centre, à l'Est du comté ; et celle du gravier ou *drift* tertiaire, avec argiles liasiques et loams jurassiques, qui forme le val d'York.

Sur les plateaux des collines crayeuses des *wolds*, couverts de dépôts diluviens, le sol mixte est souvent profond, mélangé çà et là avec de l'argile. Sur les basses terres, à loam calcaire, léger et friable, semblables à celles du Lincolnshire, les procédés de culture du blé sont les mêmes. Les grandes fermes qui cultivent les *wolds*, ont de longue date adopté l'assolement quadriennal du Norfolk ; avec cette variante que sur les terres profondes le blé vient au lieu de l'orge, après la sole de racines et, sur les terres légères, l'avoine, de préférence à l'orge, suit les racines, tandis que le blé suit les fourrages.

Les cinq comtés où le sol est principalement constitué par le jurassique et le lias, emblavent annuellement 240,000 hectares et récoltent environ 7 millions d'hectolitres, avec un rendement moyen à l'hectare de 28^{h},80.

Groupe triasique mixte. — La formation du trias, qui joue en France un rôle insignifiant quant à la production du blé, occupe en Angleterre cinq comtés du centre, en connexion, il est vrai, avec les argiles et marnes calcaires du lias, dans le comté de Leicester ; avec le lias et l'oolithe dans le comté de Gloucester.

Deux de ces comtés peuvent être pris comme types de culture du trias.

Warwick. — Dans le Warwickshire, où toute la partie nord formait autrefois une immense lande de bruyères et de bois, le sol a été tellement amélioré par la moyenne culture et les engrais des villes manufacturières, qu'il passe pour un des plus productifs étant donné que la population y est plus condensée.

Des terres d'une grande fertilité occupent le nouveau grès rouge, variant entre les loams sablonneux et les loams tenaces des marnes rouges.

L'assolement sexennal, appliqué aux terres fortes, comporte deux fois le blé, après fourrages artificiels et après fèves ou récoltes dérobées qui caractérisent cette culture intensive.

Gloucester. — Les trois divisions géologiques principales du Gloucestershire correspondent à trois systèmes différents de culture.

Sur les hautes terres des collines (*cotswolds*) qui sont dirigées du Sud-Est au Nord-Ouest, où affleurent la grande oolithe et l'oolithe inférieure, de grandes exploitations pratiquent l'assolement quadriennal ou quinquennal, dans lequel le blé vient après les fourrages artificiels et toujours après le pacage des moutons.

Dans les vallées où le sol est formé par l'argile et le calcaire du lias et le nouveau grès rouge, comme sur les terres fortes d'Evesham, de Gloucester, de Berkeley, le blé, dans l'assolement quadriennal, suit la sole de trèfle ou de fèves. L'assolement des vastes plaines d'alluvions bordant la Tamise, la Severn, la Wye, l'Avon, etc., comporte sur les loams argileux deux fois le blé en 7 ans ; et sur les loams graveleux deux fois en 8 ans, mais toujours après trèfle ou colza.

Un troisième district, celui de la forêt de Dean, est occupé par le nouveau et le vieux grès rouge, avec affleurement du calcaire magnésien ; la culture du froment y est moins pratiquée.

Les emblavures des cinq comtés appartenant au trias représentent seulement 150,000 hectares qui produisent plus de 4 millions d'hectolitres, avec un rendement moyen à l'hectare de 28 hectolitres, sauf pour le Gloucestershire où il s'abaisse à 26 hectolitres.

Groupe primaire. — Deux comtés du centre ouest cultivent le blé sur des sols plus anciens : le Shropshire, où les couches supérieures dévoniennes (Ludlow) sont au contact du vieux grès rouge et du lias ; et le Herefordshire, qui est occupé presque en entier par le vieux grès rouge dévonien.

Shropshire. — Dans le Shropshire, les terres à blé formées de loams et argiles tenaces de qualité inférieure, portent le blé deux fois en 7 ans, après une jachère cultivée en vesces et en racines. Sur les sols légers surmontant les grès, les calcaires et les schistes qui constituent une grande partie de la surface du comté, le blé vient après des fourrages d'une ou de deux années dans l'assolement quadriennal ou quinquennal. Les loams les plus fertiles, de couleur rouge, reposent sur la marne argileuse.

Herefordshire. — Le vieux grès rouge, avec quelques couches siluriennes et de calcaire de montagne, qui forme le sol du comté de Hereford, donne lieu à trois variétés de terres arables, les loams marneux, légers, les *Rylands ;* les loams graveleux de Hereford, et les argiles marneuses qui couvrent en grande partie le comté.

Sur ces argiles, l'assolement que suivent les fermes de moyenne étendue fait revenir deux fois le blé en 8 ans, après fèves et après trèfle.

Sur les sols légers des Rylands, l'assolement quadriennal ou quinquennal introduit le blé après le trèfle.

Ces deux comtés, sur 61,000 hectares emblavés, récoltent 1 million et demi d'hectolitres, avec un rendement inférieur, de 25 hectolitres à l'hectare.

Les déductions générales à tirer de cette étude géologique des terres à blé de l'Angleterre, en rapprochement avec leur production et leur mode de culture, s'écartent peu de celles que nous avons indiquées pour la France, à savoir que les sols argileux calcaires, formés par les marnes crayeuses, les argiles tertiaires et liasiques, et les alluvions quaternaires, se prêtent le mieux, étant donné les circonstances dominantes du climat, à la production du froment.

En somme, pour l'Angleterre, la culture du blé s'est localisée et développée, avec un rendement double de celui constaté en France, sur la formation crétacée, alliée aux terrains tertiaires et post-tertiaires. Les comtés dont le sol est occupé par les couches de l'oolithe, du lias et du trias, si l'on en excepte ceux de Lincoln et d'York qui doivent leur grande fertilité aux terres crayeuses et alluviales, sont loin de produire, malgré leur chiffre élevé de rendement à l'hectare, les masses de froment (40 p. 100 environ de la récolte totale) récoltées sur les terrains crétacés. Quant aux deux comtés produisant le blé sur les terrains plus anciens, leur récolte est insignifiante et leur rendement moyen, notablement inférieur à l'hectare (25 hectolitres).

TABLE DES MATIÈRES

Pages.

Avant-propos V

LA PRODUCTION AGRICOLE EN FRANCE

I. — La protection et la liberté commerciale en 1884. 1

II. — Prix de revient. — Influence de la nature de la semence sur les rendements 12

III. — Influence de la fumure sur les rendements. — Expériences de Rothamsted. 24

IV. — Expériences de Rothamsted. — Résumé des résultats de 40 années de culture de blé après blé. 29

V. — Expériences de Rothamsted. — Influence de la fumure sur le rendement et sur le prix de revient du blé 41

VI. — Consommation et production moyenne de la France, de 1821 à 1880. — Mauvaise période (1871-1880). — La semaille en ligne. 52

VII. — Progrès à réaliser. — Réformes à accomplir. 64

VIII. — Les Stations agronomiques et la crise agricole. — Organisation d'expériences de culture et de fumure. — Création de syndicats. . . . 71

IX. — Réformes législatives. — Conclusions 81

I. — Réformes législatives 90

II. — Réformes culturales. 91

Appendice 92

DONNÉES STATISTIQUES SUR LA QUESTION DU BLÉ,

PAR M. E. CHEYSSON

1° à 4° Production et consommation 96

5° Rendement moyen par hectare 97

6° Nombre d'hectares ensemencés. 98

7° Prix moyen de l'hectolitre 98

8° Droits de douane. — Échelle mobile. 100

ESSAI GÉOLOGIQUE SUR LES TERRES A BLÉ, EN FRANCE ET EN ANGLETERRE, PAR M. A. RONNA

Pages.
I. — Les terres à blé de la France. 105
II. — Les terres à blé de l'Angleterre 115

Planches. — Cartogrammes et diagrammes.

1° Diagramme de la production, de la consommation, du prix du blé, des droits de douane de 1815 à 1884;
2° Tableau contenant les données numériques de ce diagramme;
3° Cartogramme représentant les variations du prix du blé, par département, au mois de juin 1817;
4° Cartogramme des variations du rendement du blé en France, par hectare, en 1884;
5° Diagramme figuratif du mécanisme de l'échelle mobile.

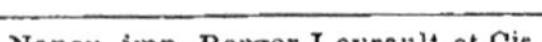

Nancy, imp. Berger-Levrault et Cie.

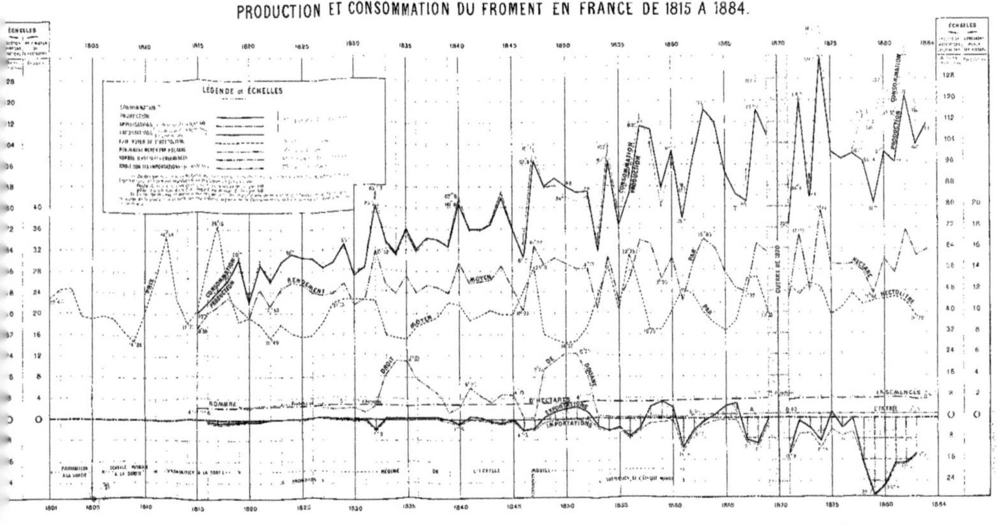
PRODUCTION ET CONSOMMATION DU FROMENT EN FRANCE DE 1815 A 1884.
ÉCHELLES
LÉGENDE et ÉCHELLES
CONSOMMATION
PRODUCTION
PRIX
RENDEMENT
MOYEN
PAR
HECTARE
HECTOLITRE
DROIT
DE
DOUANE
NOMBRE
D'HECTARES
EXPORTATIONS
IMPORTATIONS
SEMENCES
GUERRE DE 1870
RÉGIME
DE
L'ÉCHELLE
MOBILE

ANNEXE N° 1

FROMENT

Production
Consommation, prix, rendement, surfaces emblavées
Droits d'entrée

DE 1815 A 1884

Production et consommation du froment de 1801 à 1884.

Années.	Nombre d'hectares ensemencés.	Production.	Rendement moyen par hectare.	Prix moyen de l'hectolitre.	Commerce du froment. Importations.	Exportations.	Différence.	Consommation[1].	Droits sur les importations[2].
1	2	3	4	5	6	7	8	9	10
		Hectolitres.	Hect. lit.	Fr. c.	Hectolitres.	Hectolitres.	Hectolitres.	Hectolitres.	Fr. c.
1801..	»	»	»	22,49	»	»	»	»	»
1802..	»	»	»	24,32	»	»	»	»	»
1803..	»	»	»	21,55	»	»	»	»	»
1804..	»	»	»	18,19	»	»	»	»	»
1805..	»	»	»	19,04	»	»	»	»	»
1806..	»	»	»	19,33	»	»	»	»	»
1807..	»	»	»	18,88	»	»	»	»	»
1808..	»	»	»	16,54	»	»	»	»	»
1809..	»	»	»	14,86	»	»	»	»	»
1810..	»	»	»	19,61	»	»	»	»	»
1811..	»	»	»	26,13	»	»	»	»	»
1812..	»	»	»	34,34	»	»	»	»	»
1813..	»	»	»	22,51	»	»	»	»	»
1814..	»	»	»	17,73	»	»	»	»	»
1815..	4.591.677	39.460.971	8,59	19,53	»	»	»	»	»
1816..	4.472.269	43.316.094	9,73	28,31	497.020	15.725	+ 481.295	43.797.389	»
1817..	4.672.303	47.984.044	10,27	36,16	1.975.860	1.789	+ 1.974.071	49.958.115	»
1818..	4.623.262	52.697.927	11,39	24,65	1.723.423	138	+ 1.723.285	54.421.212	»
1819..	»	59.811.150	»	18,42	1.276.829	53.783	+ 1.223.046	61.034.196	2,61
1820..	4.693.788	44.347.720	9,46	19,13	660.622	68.062	+ 502.560	44.850.280	2,86
1821..	4.753.079	58.219.263	12,25	17,79	543.760	58.227	+ 485.533	58.704.801	2,58
1822..	4.797.810	50.856.707	10,60	15,49	868	64.201	— 63.333	50.793.374	2,75
1823..	4.861.816	58.676.862	12,01	17,52	1.103	80.090	— 78.987	58.597.875	2,35
1824..	4.881.232	61.788.972	12,65	16,22	1.117	193.558	— 192.441	61.596.531	Prohibition.
1825..	4.854.169	61.085.177	12,57	15,74	842.033	710.756	+ 131.277	61.109.451	Id.
1826..	4.895.036	59.631.917	12,18	15,85	81.001	481.255	— 401.211	59.230.706	Id.
1827..	4.902.081	56.785.944	11,58	18,20	29.045	188.724	— 159.679	56.626.265	1,86
1828..	4.948.130	58.823.512	11,89	22,03	571.291	181.583	+ 389.705	59.213.217	1,51
1829..	5.021.481	64.245.521	12,79	22,59	821.379	191.544	+ 629.835	64.875.356	1,59
1830..	5.011.701	52.782.008	10,53	22,39	973.087	125.060	+ 848.027	53.630.035	1,70
1831..	5.111.153	56.429.694	11,04	22,10	548.996	207.379	+ 341.617	56.771.311	» 96
1832..	5.160.759	80.082.016	15,52	21,85	3.978.433	206.376	+ 3.772.057	83.854.073	2,56
1833..	5.242.779	66.073.111	12,60	16,62	6.697	229.915	— 223.218	65.849.893	8,05
1834..	5.301.748	61.981.226	11,68	15,25	412	244.233	— 243.821	61.737.405	11,12
1835..	5.338.043	71.697.484	13,43	15,25	409	240.241	— 239.832	71.458.152	11,07
1836..	5.281.837	63.548.725	12,03	17,32	196.005	288.171	— 92.166	63.456.559	8,70
1837..	5.407.868	67.815.531	12,56	18,53	163.457	435.571	— 272.114	67.543.417	7,50
1838..	5.460.749	67.743.571	12,41	19,51	89.563	594.015	— 504.452	67.239.119	4,43
1839..	5.480.988	64.985.732	11,82	22,14	1.092.719	812.057	+ 280.662	65.266.394	1,48
1840..	5.581.782	80.880.431	14,49	21,84	1.997.499	187.438	+ 1.810.061	82.690.492	1,50
1841..	5.562.668	71.463.643	12,67	18,54	138.984	776.816	— 637.832	70.826.351	6 »
1842..	5.576.110	71.311.220	12,79	19,55	500.563	777.341	— 276.778	71.037.237	4 »
1843..	5.661.105	73.650.509	13 »	20,46	1.800.293	261.039	+ 1.539.254	75.186.753	3,20
1844..	5.679.337	82.454.845	14,52	19,75	2.200.688	347.145	+ 1.853.543	84.308.388	4,82
1845..	5.743.135	71.933.280	12,53	19,75	665.756	400.370	+ 265.386	72.223.666	6,56
1846..	5.934.908	60.696.968	10,23	24,05	4.372.880	127.051	+ 4.245.829	64.942.797	» 25
1847..	5.979.311	97.611.140	16,32	29,01	3.695.949	180.779	+ 3.515.170	101.126.310	Suspension de l'échelle mobile.
1848..	5.978.377	87.994.435	14,73	16,65	1.111.856	1.752.299	— 640.443	87.353.992	0,25
1849..	5.966.153	90.761.712	15,21	15,37	4.023	2.695.545	— 2.691.522	88.070.190	10,75
1850..	5.951.384	87.986.788	14,78	14,32	761	3.968.784	— 3.968.023	84.018.765	12,25
1851..	5.993.370	85.386.232	14,38	14,48	91.157	4.447.448	— 4.356.291	81.029.941	12,25
1852..	6.090.049	86.065.386	14,13	17,23	138.215	2.156.133	— 2.017.918	84.047.468	7,75
1853..	6.210.605	63.709.038	10,26	22,39	4.276.917	969.572	+ 3.307.345	67.016.383	Suspension de l'échelle mobile.
1854..	6.408.238	97.194.271	15,17	28,82	5.009.767	233.048	+ 4.776.719	101.970.990	Id.
1855..	6.419.330	72.936.726	11,36	29,32	3.293.088	179.778	+ 3.113.310	76.050.036	Id.
1856..	6.468.286	85.308.953	13,19	30,75	7.870.449	157.433	+ 7.713.016	93.021.969	Id.
1857..	6.593.530	110.426.462	16,75	24,34	3.920.168	386.063	+ 3.534.105	113.960.567	Id.
1858..	6.639.688	109.889.747	16,56	16,75	1.846.017	6.338.252	— 4.492.235	105.497.512	Id.
1859..	6.709.278	87.515.960	13,05	16,74	1.418.252	7.981.036	— 6.562.784	80.953.176	Id.
1860..	6.711.298	101.573.625	15,13	20,24	737.489	4.697.419	— 3.959.930	97.613.695	Id.
1861..	6.754.227	75.116.287	11,12	24,55	13.600.892	1.182.232	+ 12.418.660	87.534.947	» 50
1862..	6.881.613	99.292.224	14,43	23,24	6.238.151	542.510	+ 5.695.641	104.987.835	» 50
1863..	6.918.766	116.781.794	16,81	19,78	2.448.925	815.003	+ 1.633.922	118.415.716	» 50
1864..	6.889.073	111.274.018	16,15	17,58	809.528	1.990.951	— 1.181.423	110.089.595	» 50
1865..	6.904.892	95.751.609	13,84	16,41	840.735	4.657.673	— 4.316.938	91.434.671	» 50
1866..	6.915.565	85.131.455	12,33	19,61	835.989	6.628.701	— 5.792.712	79.338.740	» 50
1867..	6.960.425	83.005.739	11,92	26,19	9.083.869	557.883	+ 8.525.986	91.531.725	» 50
1868..	7.002.811	116.783.000	16,58	26,64	11.032.290	667.412	+ 10.364.885	127.147.885	» 50
1869..	7.031.087	107.941.553	15,34	20,33	1.845.492	874.192	+ 971.300	108.912.853	» 50
1870[3].	»	»	»	»	»	»	»	»	»
1871..	6.397.801	72.806.067	11,38	25,65	13.841.379	149.489	+ 13.691.890	86.497.957	» 60
1872..	6.857.152	119.014.990	17,38	23,15	5.641.611	4.088.227	+ 1.553.384	120.568.374	» 60
1873..	6.966.419	83.861.193	12,04	25,62	6.902.702	2.863.363	+ 4.039.339	87.900.532	» 60
1874..	6.941.615	136.367.798	19,64	25,11	10.912.844	2.193.827	+ 8.719.017	145.086.815	» 60
1875..	6.976.115	101.690.385	14,57	19,32	4.709.549	6.283.976	— 1.574.427	100.115.958	» 60
1876..	6.873.237	98.665.499	14,35	20,59	7.114.135	3.205.993	+ 3.908.142	102.573.641	» 60
1877..	6.948.154	100.804.328	14,50	23,44	4.642.727	4.961.370	— 318.643	100.485.685	» 60
1878..	6.953.360	95.446.298	13,65	21,25	17.345.888	120.595	+ 17.225.293	113.671.591	» 60
1879..	6.929.306	80.899.123	11,67	22,12	29.720.291	343.183	+ 29.377.108	110.276.231	» 60
1880..	6.879.875	99.471.659	15,50	22,19	26.665.916	118.588	+ 26.547.328	127.101.174	» 60
1881..	6.959.114	96.810.356	13,90	22,20	17.450.329	304.548	+ 17.145.781	113.961.804	» 60
1882..	6.907.792	122.153.524	17,70	21,60	17.219.484	111.725	+ 17.107.759	139.261.283	» 60
1883..	6.893.821	103.753.426	15,20	18,70	13.456.505	137.938	+ 13.318.567	117.071.993	» 60
1884[4].	6.976.203	111.141.815	15,90	»	»	»	»	»	»

1. Ce tableau désigne sous le nom de « consommation » la quantité qui correspond à la production augmentée de l'excédent des importations sur les exportations, ou inversement, diminuée de l'excédent des exportations sur les importations.

2. Moyenne des droits prélevés dans les 4 classes de départements frontières, pour les importations par navires français, d'après l'échelle mobile établie par les lois de 1819, 1821, 1830 et 1832. Pour la période de 1819 à 1835, cette moyenne a été calculée sur les relevés mensuels contenus dans le volume intitulé : *Archives statistiques du ministère des Travaux publics ;* — pour la période 1836-1845, elle a été empruntée à l'*Enquête de 1859 sur la Révision de la législation des céréales ;* enfin, de 1845 à 1861, elle a été calculée approximativement d'après le prix moyen général (avec les suspensions de 1847-1848 et de 1853-1861).

3. Il n'a pu être établi de relevé pour 1870 (Guerre avec l'Allemagne.)

4. Chiffres provisoires.

Annexe n° 2

FROMENT

Production
Consommation, prix, rendement, surfaces emblavées
Droits d'entrée

DE 1815 A 1884

RÉCOLTE DU FROMENT PAR HECTARE ENSEMENCÉ EN 1884 (a)

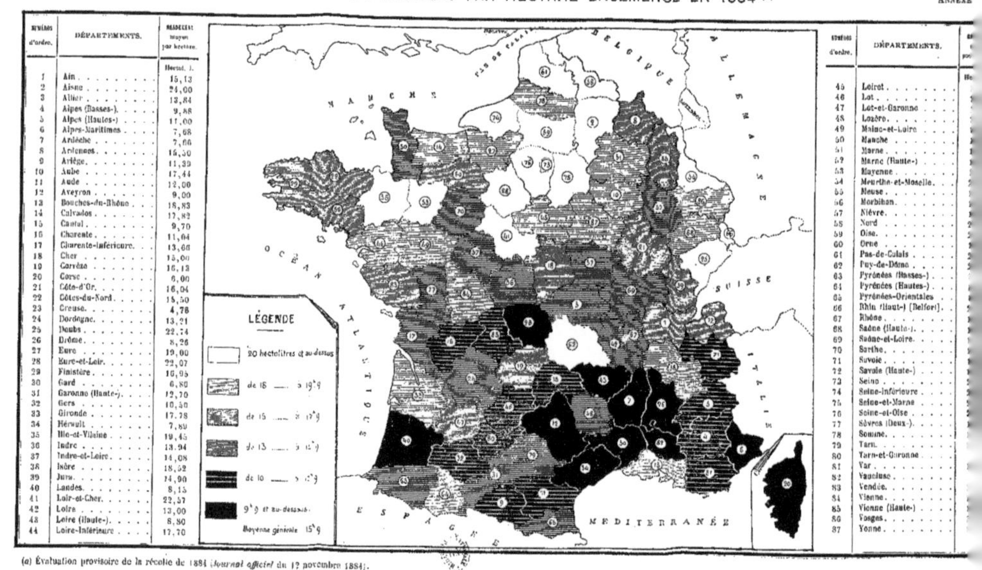

NUMÉROS d'ordre.	DÉPARTEMENTS.	RENDEMENT moyen par hectare.
		Hectol. l.
1	Ain	15,13
2	Aisne	24,00
3	Allier	13,84
4	Alpes (Basses-)	9,88
5	Alpes (Hautes-)	11,00
6	Alpes-Maritimes	7,68
7	Ardèche	7,66
8	Ardennes	16,50
9	Ariège	11,39
10	Aube	17,44
11	Aude	12,00
12	Aveyron	9,00
13	Bouches-du-Rhône	18,83
14	Calvados	17,82
15	Cantal	9,70
16	Charente	11,64
17	Charente-Inférieure	13,66
18	Cher	15,00
19	Corrèze	16,13
20	Corse	6,00
21	Côte-d'Or	16,04
22	Côtes-du-Nord	18,50
23	Creuse	4,78
24	Dordogne	13,21
25	Doubs	22,74
26	Drôme	8,26
27	Eure	19,00
28	Eure-et-Loir	22,07
29	Finistère	16,95
30	Gard	6,80
31	Garonne (Haute-)	12,70
32	Gers	10,50
33	Gironde	17.78
34	Hérault	7,89
35	Ille-et-Vilaine	19,45
36	Indre	13.94
37	Indre-et-Loire	14,08
38	Isère	18,52
39	Jura	14,90
40	Landes	8,15
41	Loir-et-Cher	22,57
42	Loire	13,00
43	Loire (Haute-)	8,80
44	Loire-Inférieure	17,70

NUMÉROS d'ordre.	DÉPARTEMENTS.	RENDEMENT moyen par hectare.
		Hectol. l.
45	Loiret	[illegible]
46	Lot	[illegible]
47	Lot-et-Garonne	[illegible]
48	Lozère	[illegible]
49	Maine-et-Loire	[illegible]
50	Manche	[illegible]
51	Marne	[illegible]
52	Marne (Haute-)	[illegible]
53	Mayenne	[illegible]
54	Meurthe-et-Moselle	[illegible]
55	Meuse	[illegible]
56	Morbihan	[illegible]
57	Nièvre	[illegible]
58	Nord	[illegible]
59	Oise	[illegible]
60	Orne	[illegible]
61	Pas-de-Calais	[illegible]
62	Puy-de-Dôme	[illegible]
63	Pyrénées (Basses-)	[illegible]
64	Pyrénées (Hautes-)	[illegible]
65	Pyrénées-Orientales	[illegible]
66	Rhin (Haut-) [Belfort]	[illegible]
67	Rhône	[illegible]
68	Saône (Haute-)	[illegible]
69	Saône-et-Loire	[illegible]
70	Sarthe	[illegible]
71	Savoie	[illegible]
72	Savoie (Haute-)	[illegible]
73	Seine	[illegible]
74	Seine-Inférieure	[illegible]
75	Seine-et-Marne	[illegible]
76	Seine-et-Oise	[illegible]
77	Sèvres (Deux-)	[illegible]
78	Somme	[illegible]
79	Tarn	[illegible]
80	Tarn-et-Garonne	[illegible]
81	Var	[illegible]
82	Vaucluse	[illegible]
83	Vendée	[illegible]
84	Vienne	[illegible]
85	Vienne (Haute-)	[illegible]
86	Vosges	[illegible]
87	Yonne	[illegible]

(a) Évaluation provisoire de la récolte de 1884 (*Journal officiel* du 12 novembre 1884).

ANNEXE N° 3

RÉCOLTE DU FROMENT PAR HECTOLITRE EN 1884

PRIX MOYEN DE L'HECTOLITRE DE FROMENT PENDANT LE MOIS DE JUIN 1817 [a]

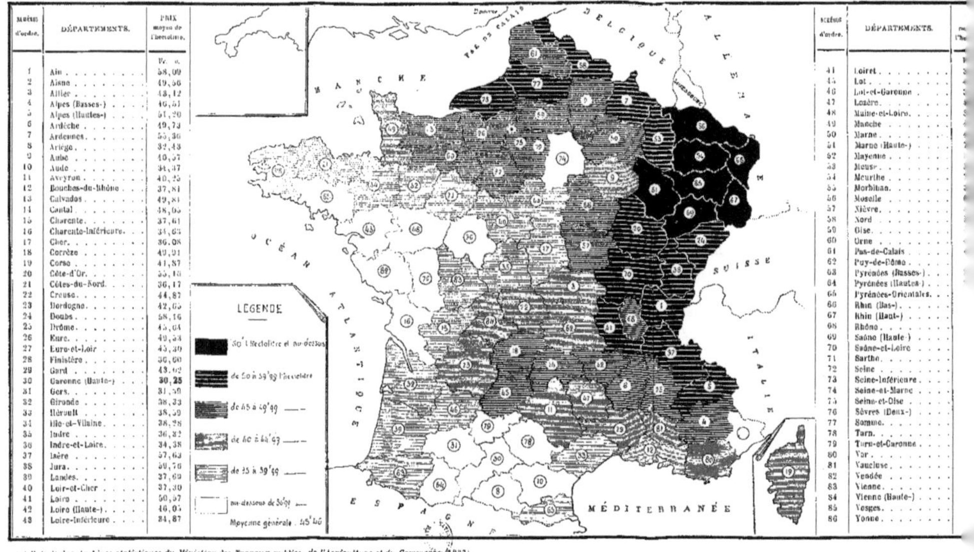

Numéros d'ordre.	DÉPARTEMENTS.	PRIX moyen de l'hectolitre.
		Fr. c.
1	Ain	58,09
2	Aisne	49,56
3	Allier	43,12
4	Alpes (Basses-)	46,51
5	Alpes (Hautes-)	51,20
6	Ardèche	49,73
7	Ardennes	55,36
8	Ariège	32,43
9	Aube	40,57
10	Aude	34,37
11	Aveyron	40,25
12	Bouches-du-Rhône	37,81
13	Calvados	49,81
14	Cantal	38,65
15	Charente	37,61
16	Charente-Inférieure	34,63
17	Cher	36.08
18	Corrèze	40,91
19	Corse	41,87
20	Côte-d'Or	55,18
21	Côtes-du-Nord	36,17
22	Creuse	44,87
23	Dordogne	42,65
24	Doubs	58,16
25	Drôme	45,64
26	Eure	49,53
27	Eure-et-Loir	45,30
28	Finistère	36,60
29	Gard	43.62
30	Garonne (Haute-)	**30,25**
31	Gers	31,59
32	Gironde	38,33
33	Hérault	38,59
34	Ille-et-Vilaine	38,28
35	Indre	36,82
36	Indre-et-Loire	34,38
37	Isère	57,63
38	Jura	59,76
39	Landes	37,69
40	Loir-et-Cher	37,30
41	Loire	50,57
42	Loire (Haute-)	46,05
43	Loire-Inférieure	34,87

Numéros d'ordre.	DÉPARTEMENTS.
44	Loiret
45	Lot
46	Lot-et-Garonne
47	Lozère
48	Maine-et-Loire
49	Manche
50	Marne
51	Marne (Haute-)
52	Mayenne
53	Meuse
54	Meurthe
55	Morbihan
56	Moselle
57	Nièvre
58	Nord
59	Oise
60	Orne
61	Pas-de-Calais
62	Puy-de-Dôme
63	Pyrénées (Basses-)
64	Pyrénées (Hautes-)
65	Pyrénées-Orientales
66	Rhin (Bas-)
67	Rhin (Haut-)
68	Rhône
69	Saône (Haute-)
70	Saône-et-Loire
71	Sarthe
72	Seine
73	Seine-Inférieure
74	Seine-et-Marne
75	Seine-et-Oise
76	Sèvres (Deux-)
77	Somme
78	Tarn
79	Tarn-et-Garonne
80	Var
81	Vaucluse
82	Vendée
83	Vienne
84	Vienne (Haute-)
85	Vosges
86	Yonne

(a) Extrait des *Archives statistiques du Ministère des Travaux publics, de l'Agriculture et du Commerce* (1837).

Annexe n° 4

X DE L'HECTOLITRE DE FROMENT

PAR DÉPARTEMENT

PENDANT LE MOIS DE JUIN 1817

Annexe N.° 5

ÉCHELLE MOBILE

LOIS DE 1819, 1821, 1832.

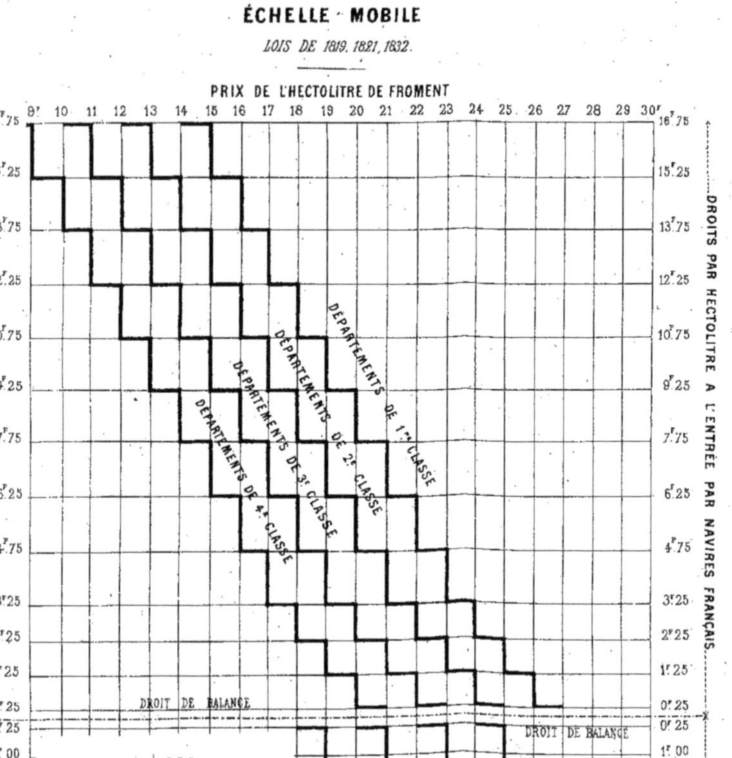

CLASSES

- **1re** PYRÉNÉES ORTALES, AUDE, HÉRAULT, GARD, BOUCHES-DU-RHÔNE, VAR, CORSE.
- **2e** GIRONDE, LANDES, BASSES-PYRÉNÉES, HAUTES-PYRÉNÉES, ARIÈGE, HAUTE-GARONNE, BASSES-ALPES, HAUTES-ALPES, ISÈRE, AIN, JURA, DOUBS.
- **3e** BAS-RHIN, HAUT-RHIN, NORD, PAS-DE-CALAIS, SOMME, SEINE-INFÉRIEURE, EURE, CALVADOS, LOIRE-INFÉRIEURE, VENDÉE, CHARENTE INFÉRIEURE.
- **4e** MOSELLE, MEUSE, ARDENNES, AISNE, MANCHE, ILLE-ET-VILAINE, CÔTES-DU-NORD, FINISTÈRE, MORBIHAN.

NOTA. Une surtaxe de 1f25 par hectolitre de froment est perçue – en sus du droit de balance et des autres droits déterminés par le jeu de l'échelle mobile – sur les importations faites par navires étrangers lorsque le prix régulateur est au dessous de 28f 26, 24, et 22f suivant les classes.

Lith Berger Levrault et Cie Nancy 1878.

Annexe N° 5

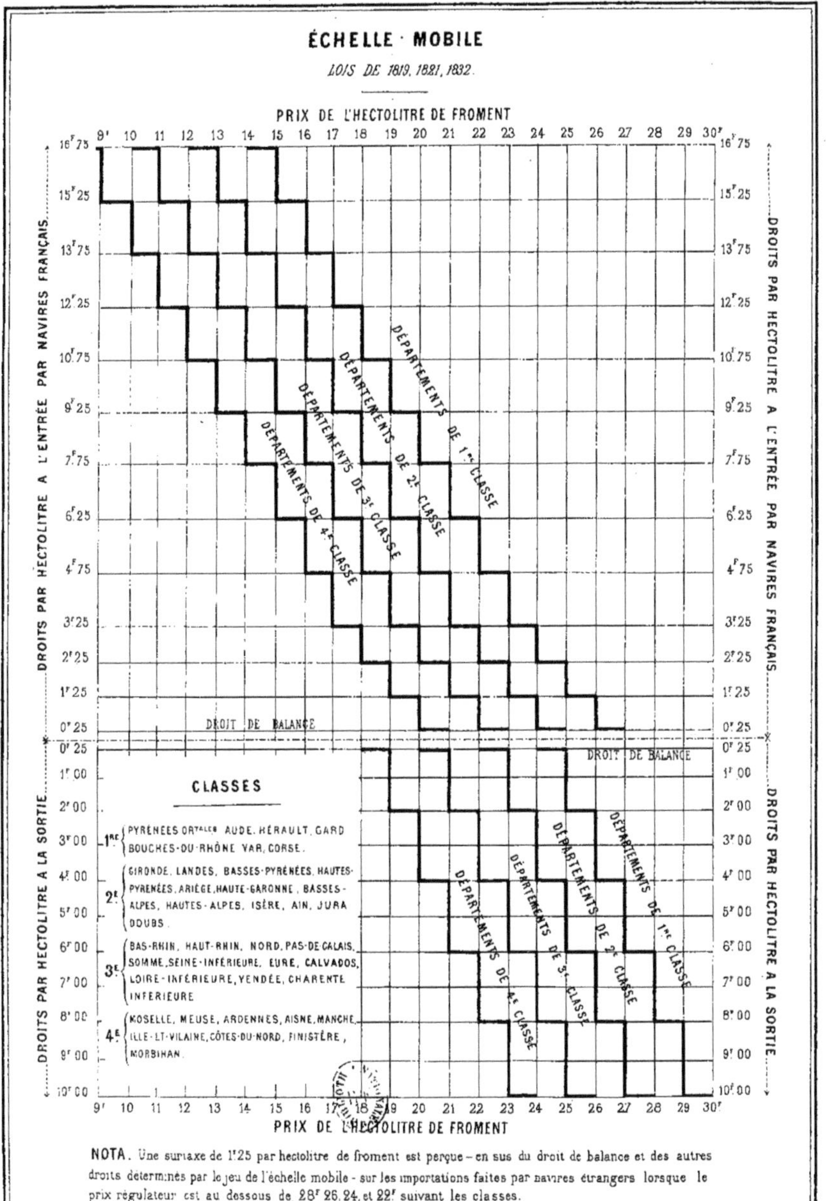

NOTA. Une surtaxe de 1f 25 par hectolitre de froment est perçue – en sus du droit de balance et des autres droits déterminés par le jeu de l'échelle mobile – sur les importations faites par navires étrangers lorsque le prix régulateur est au dessous de 28f 26, 24, et 22f suivant les classes.

Lith. Berger Levrault et Cie Nancy 18..

www.ingramcontent.com/pod-product-compliance
Ingram Content Group UK Ltd.
Pitfield, Milton Keynes, MK11 3LW, UK
UKHW022108190726
13855UKWH00002B/713